新型职业农民培育系列教材

怎样当好农场主

◎ 王彩文　主编

中国农业科学技术出版社

图书在版编目（CIP）数据

怎样当好农场主／王彩文主编．—北京：中国农业科学技术出版社，2017. 7

ISBN 978-7-5116-3173-2

Ⅰ. ①怎…　Ⅱ. ①王…　Ⅲ. ①农场管理　Ⅳ. ①F306. 1

中国版本图书馆 CIP 数据核字（2017）第 167573 号

责任编辑　白姗姗
责任校对　马广洋

出 版 者　中国农业科学技术出版社
北京市中关村南大街 12 号　邮编：100081
电　　话　(010)82106638(编辑室)　(010)82109702(发行部)
(010)82109709(读者服务部)
传　　真　(010)82106650
网　　址　http://www.castp.cn
经 销 者　各地新华书店
印 刷 者　北京富泰印刷有限责任公司
开　　本　850mm×1 168mm　1/32
印　　张　7. 875
字　　数　204 千字
版　　次　2017 年 7 月第 1 版　2017 年 7 月第 1 次印刷
定　　价　32. 00 元

前　　言

2013 年，中共中央国务院一号文件（简称中央一号文件，全书同）提出“鼓励和支持承包土地向专业大户、家庭农场和农民合作社流转，发展多种形式的适度规模经营”，使城里人下乡当“农场主”的愿望不再遥远，各种新型农场如雨后春笋般发展起来，热闹了城郊。

为贯彻落实习近平总书记关于吸引年轻人务农、加快构建职业农民队伍的指示精神，2016 年将继续实施“现代青年农场主培养计划”。在 2015 年的工作基础上，2016 年全国新增 1 万名现代青年农场主培育对象。在 2017 年中央一号文件中，国家再次提出优化农业从业者结构、深入推进现代青年农场主的培养计划。

要当好现代农场主，首先要在态度上引起足够的重视，把它当成一个现代的大产业项目来开展；然后组建管理高效、技术全面的团队，并以国家政策、农业特点、现代经济新常态特色等为导向，在内部管理、财务核算等方面进行合理规划，并严格地付诸实施，才能成为现代农场运营的大赢家！

由于编者水平所限，加之时间仓促，书中不尽如人意之处在所难免，恳切希望广大读者和同行不吝指正。

编　者

2017 年 5 月

目　　录

第一章　农场及家庭农场基础知识

第一节　农场主、家庭农场基本定位

一、认识农场主

什么是农场主？目前，官方没有明确的定义。

根据农业的产业性质，可以认为，农场主是农场的拥有者、管理者、法人代表。但农场主不一定是地主，如租地农场主只有农场经营权，没有土地所有权。

2013 年中央一号文件首次提出了家庭农场的概念和鼓励家庭农场发展的政策。中国的家庭农场主从此诞生了。

2014 年家庭农场认定标准和登记注册办法出台。

2015 年国家重点扶持家庭农场的发展。

2017 年中央一号文件指出，要大力培育新型农业经营主体和服务主体，鼓励耕地村内互换，实现按户连片耕种，积极发展适度规模经营；完善家庭农场认定办法，扶持规模适度的家庭农场。

如果你准备当农场主，或者你已经有了自己的农场，那么你肯定想把农场规划好、建设好、管理好，经营出效益。你肯定希望了解和掌握尽可能多的农场知识，尤其是农场经营管理方面的方法和技巧，见右图。

农场主良好的职业素质是农场红火的根基，良好的职业素质包括 5 个方面，即有文化、懂技术、会经营、善管理、能创业。

这个实例说明，农场不仅是管出来的，也是经营出来的。

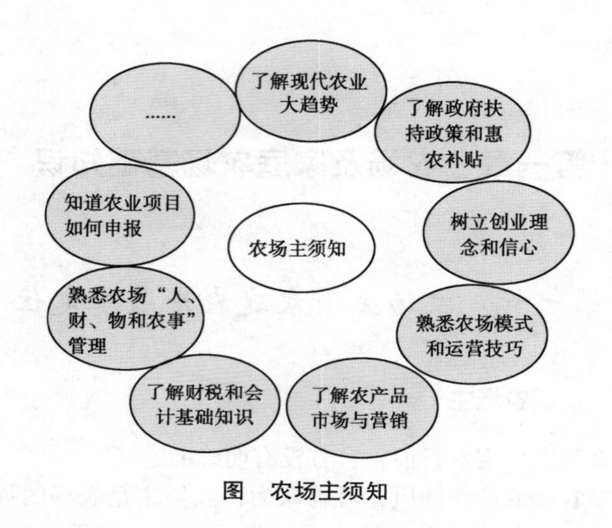

图　农场主须知

二、家庭农场概念内涵

家庭农场的概念可大致表述为“家庭经营，规模适度，一业为主，集约生产”，即以农户为经营主体，主要利用家庭劳动力，生产经营规模适度，专业化、标准化、集约化、商品化水平较高，且以农业收入为主要收入来源的农业生产经营单位。家庭农场应具备 4 个基本特征。

（一）家庭经营

家庭农场经营者原则上必须是本村农户家庭，且必须主要依靠家庭人员从事农业生产经营活动，不得将所经营土地再转包、转租给第三方经营；除季节性、临时性聘用短期用工外，不得常年雇用外来劳动力从事家庭农场的生产经营活动。例如，34 岁的家庭农场主李春风，从企业辞职回家经营父亲的家庭农场（农场主超过 60 岁原则上要退休），现在农场靠自己和父母 3 人经营（妻子在企业上班，不参与农场经营），只需要在农忙时雇 1~2 人即可，且时间一般不超过 1 周。从这个角度看，外来的城镇居民或者其他投资者建立的农场，或者长期雇佣劳动力的农场，都不能算作家庭农场。

（二）规模适度

为了充分发挥家庭经营优势，家庭农场规模一定要适度，不能太大。“度”是家庭农场的生命力所在。家庭农场经营耕地规模一般为100~150亩*，最少的有80多亩，最大的有200亩左右，在确定规模适度原则时主要考虑4个方面：其一，根据当地农业机械化水平，一个劳动力能经营耕地的最大规模；其二，家庭至少经营多大面积土地，才能通过自己的劳动致富；其三，当地农村劳动力转移就业情况，有多少土地可流转出来；其四，家庭农场收入水平要适当高于外出打工收入。此外，家庭农场规模不宜过大，从业收入不能超过外出务工家庭收入太多，否则会引发攀比，致使农民重新要地自营，家庭农场经营规模也不会稳定。而且如果家庭农场规模过大，需要雇佣大量工人，就会出现劳动监督问题，导致成本增加，进而丧失家庭经营优势。因此，要综合考虑不同地区经济社会发展阶段水平、农村劳动力转移程度、农地资源禀赋、产业差异、各业收入均衡等因素，因地制宜地确定家庭农场经营土地的合理规模。

（三）一业为主

长期以来，我国农业成了苦脏累、收入低产业的代名词，年轻人不以务农为荣，导致农业劳动力结构性矛盾日益突出。家庭农场的出现，逐步改变着人们的认识。家庭农场最大的吸引力在于，依靠农业为主的专业生产经营也能增收致富。

（四）集约生产

与小规模农户相比，家庭农场规模适度且不是很大，专业化生产、集约化经营可以有效地发挥规模效应和家庭经营优势。在松江区1 206户家庭农场中，专门种粮的有1 013户，种养结

---

* 1亩≈667平方米，1公顷=15亩。全书同

合的有53户（既种粮又养猪），机农一体的有140户（既种粮又从事农机服务）。为保证耕地由优秀农场主经营，松江通过“经营者择优”等原则，建立家庭农场主的准入和退出机制，并强化培训和考核。家庭农场主也普遍具有较强的危机意识和竞争意识。为了经营管理好家庭农场，农场经营者积极参加各种培训班，掌握最新农业科技知识。经过6年实践，松江职业农民群体逐渐生成壮大，农业经营者素质明显提高。更重要的是，家庭农场作为农业经营主体，在不违反现行农地制度和尊重农户意愿基础上，通过耕地流转，将土地、劳力、农机等生产要素适当集中，实现集约化经营、专业化生产，有效提高了劳动生产率、土地产出率和经济效益。目前，松江区99%的土地流转给了村集体，家庭农场经营面积占全区粮田面积的80%，水稻亩产5年增加6.1%，大大提高了粮食生产的专业化、标准化、集约化水平。

家庭农场与专业大户的主要区别是：专业大户虽然也进行专业化生产，但其经营规模更具弹性，在不同地方专业大户标准可能差异很大，土地经营规模从几十亩到几百亩、几千亩乃至上万亩不等，而且规模越大越需要长期雇工。齐河县百亩以上的种粮大户达到48个，其中，千亩以上的有11个。该县种粮大户王成亮流转了3个乡镇、11个村的1.32万亩耕地，成为山东省首位万亩种粮大户。从一般意义上讲，经营规模在200亩以下的专业大户最有可能成为家庭农场，而大于这个规模，就可能超过夫妻二人或一个家庭2~3个劳动力的经营管理能力，往往要长期雇用农业工人，也失去了家庭农场的内涵概念。

虽然家庭农场本身有很多优势，备受关注，但家庭农场模式并非唯一选择。选择哪种适度规模经营模式，要从各地实际情况出发，要按照农民自愿、因地制宜的原则来确定。例如，上海市准备在条件适合的金山区和奉贤区引导发展家庭农场，宝山区主要发展集体农场，崇明区主要发展合作社；江苏太仓主要发展合作农场；山东主要发展种养大户、合作社和各类农业龙头企业。不同新型经营主体各有特点和长处，在政策扶持上要有针对性，不宜厚此薄彼，更不宜不顾实际地予以行政推动。要注意的是，继合作社风起云涌之后，当前许多地方开始对发展家庭农场热情高涨，更需要避免盲目推动、行政干预、违背甚至侵犯农民利益，要加强政策法律方面的引导和规范。

第二节　家庭农场发展现状和前景

一、家庭农场基于不同区域的比较

（一）华北平原的粮食种植

华北平原的粮食种植主要是兼业小农主导，以粮为主的家庭农场很难自发形成该区域的家庭农场特点如下。

（1）在粮食领域很难自发形成家庭农场。

（2）家庭农场种植蔬菜、瓜果等非粮作物的占很大部分。

（3）种植粮食作物的家庭农场大部分是靠政府补贴推动。

该区域家庭农场适宜定位于蔬菜瓜果、经济作物、园艺产品的生产，可通过组织农民合作社，经由农业龙头企业带动增收致富。粮食领域应保持“半工半耕”的家庭农户模式，同时大力发展各类社会化服务组织，强行推进可能会导致大规模的非粮化、非农化。

（二）长江中下游地区的粮食种植

长江中下游地区的粮食种植由自发流转形成的小规模家庭农场占主导，家庭农场适合于粮食作物等大宗农产品的种植。

该区域的家庭农场特点有：①在粮食种植领域自发形成小规模家庭农场，土地流转面积的比例要高于华北平原。②小规模家庭农场没有雇工，内部存在分化。③在政府的补贴鼓励下，这个区域很容易形成较大规模的家庭农场。

该区域是我国主要的粮食产区，家庭农场在大宗农产品的生产中已起到主力军的作用。也是培育家庭农场的关键区域，是政策引导最能起到作用的区域，在这个地区可不设家庭农场下限，培育重点是通过加大培训、引入现代技术手段促进小规模家庭农场的分化，着重提高土地产出率，积极发展示范性家庭农场。

（三）东北地区的粮食种植由较大规模家庭农场主导

东北地区的粮食种植由较大规模家庭农场主导，家庭农场是生产大宗农产品的主力军。

该区域的家庭农场特点有：①经营规模较大。这一区域自发流转形成的家庭农场也要比长江中下游规模大。②家庭农场主要种植粮食。③家庭农场的生产经营需要各类社会化服务组织。这个地区的农户加入各类合作组织的数量也比较多，例如，现代农机作业合作社。

这是最适合家庭农场发展的区域，应当鼓励规模经营，使家庭农场成为大宗粮食生产的主力军。同时，大力扶持发展农机合作社等各类社会化服务组织，服务于家庭农场的生产经营。

（四）沿海经济发达地区以政府补贴推动形成为主

自发形成的家庭农场大多从事附加值较高的高效农业，在现代农业经营体系中可以承担高效增值、生态涵养、农业旅游、文化传承等多元功能。

该区域的家庭农场特点有：①种植粮食的家庭农场一般是由政府鼓励政策培育产生的。②自发形成的家庭农场主要从事高效农业。

应当继续鼓励经济发达的地方以工补农，通过资金支持培育发展种植粮食作物的家庭农场，培育过程中着重提高主要生产环节机械化作业的程度和资源利用率水平。着重扶持那些农户自发流转形成的从事高效农业种养殖的小规模家庭农场，加强农业企业的带动作用。

二、当前家庭农场发展面临的主要问题和制约因素

（一）土地流转不规范，价格成本居高不下

农村土地流转市场发展仍不规范。首先，土地流转期限短。由于确权不到位，农户长期流转的意愿不强，家庭农场难以获得长期稳定的土地经营权。其次，土地细碎化问题较为严重。尤其是南方地区土地较为分散，家庭农场很难获得规模连片的土地。还有一些土地上的田埂需要保留，为机械化作业带来很大的障碍。

（二）资金约束明显，融资难问题普遍存在

经营家庭农场一般需要5万~10万元的投资，从事规模养殖业的家庭农场初期一次性投入在30万元以上。大多数农户由于自身资金积累不足，需要资金借贷，但是一方面，多数农场地区金融服务滞后，还没有建立起信用贷款制度；另一方面，由于家庭农场缺乏有效的抵押物，也难以满足金融机构的借贷条件获得大额贷款，传统的小额信贷额度过小难以满足家庭农场实际的需求。

（三）社会化服务体系不健全，技术服务滞后

家庭农场在产前、产后环节仍然显得规模偏小，与其他市场主体谈判地位不对等，依然需要发达社会服务体系来保障。但目前我国社会化服务体系还很不健全，现有公益性服务组织人员老化，服务水平不高；合作社、龙头企业提供服务的覆盖面不高；由于缺乏强有力的政策支持，各种专业化服务组织发育更是严重滞后，为家庭农场的发展带来难题。

（四）保险保障水平低下，经营风险大

目前，我国农业保险覆盖面仍然较窄，农业保险保额普遍偏低。大田作物农业保险保额偏低问题突出，在定损、赔偿等环节耗时长，手续繁杂，且赔偿金额难以弥补亏损。

（五）缺乏基础设施

主要表现为缺乏晒场和烘干设备，这是上规模的家庭农场面临的普遍问题。家庭农场流转的土地主要是基本农田，按规定不能建设晒场、仓库等配套设施，农村生产建设性用地又十分有限。若建烘干塔成本又太高，一个 100 吨的烘干塔需要 50 万~60 万元。

三、对策和建议

（一）加快土地确权，促进土地流转

为了使新型经营主体获得稳定而有保障的土地使用权，需要进一步完善相关制度和政策安排。应明晰农民土地权益，通过土地确权颁证稳定农民土地预期，避免由于土地“四至”不清、账实不符产生纠纷。加强土地流转服务和管理，为土地流转创造良好的环境和平台；研究解决农业生产性建设用地问题，可根据实际情况允许一定比例的耕地用于建设生产性设施，如粮食仓库、烘干机房等。

（二）支持农田水利设施、产后储藏烘干设施和农机具设备购置

土地经营规模扩大后，农户要提高土地产出率，主要取决于两个方面的因素：一方面是生产专业化更加倾向于选择优良品种，提高单产水平；另一方面则是要增加投入，改善农田基础设施条件。而对于大多数农户来说，由于自身经济条件的限制，大多无力进行农田基础设施建设投入，需要国家给予支持。同时，随着规模的扩大，农户需要建立专业化的储藏、烘干设施，购置机械化农机具。因此，国家应出台专门政策和资金，支持家庭农场进行基础设施建设、产后储藏烘干设施设备和农机具购置。具体支持方式既可以采取财政直接补助、以奖代补的方式进行，也可以利用现有高标准农田建设、综合开发等项目支持农户。

（三）完善信贷支持政策

和传统小规模农户相比，家庭农场的流动资金投入明显增大，资金借贷需求增多。即使按照目前粮食作物生产每亩大概1 000~1 500元的投入（土地租金一般每亩500~1 000元，农资投入500元），经营规模100亩的农户资金投入就需要10万~15万元的流动资金，经营规模200亩的农户需要20万~30万元的流动资金。加上农机具购置和农田基础设施建设、产后商品化处理的设施设备购置等方面投入，其资金投入规模更高。现有的小额信贷政策贷款额度大多在5万元以下，难以满足家庭农场的信贷需求。因此，国家应出台针对家庭农场的信贷政策，通过提高小额信贷的上限或者建立农业信贷担保等方式，为农户提供10万~100万元的信贷资金，缓解家庭农产品生产经营面临的资金困境。

（四）健全农业保险政策

和传统农户收入来源多元化相比，家庭农场收入主要依赖农业生产经营收入，其对农业自然和市场风险更为敏感。这就要求政府健全农业政策性保险。现有的农业保险政策保障水平偏低，而且涵盖的品种比较少，覆盖面也不大。需要国家进一步加大投入，扩大品种范围，特别是粮食品种应逐步实现全覆盖，提高保障水平，为家庭农场构建风险保障机制。

（五）建设新型农业社会化服务体系

尽管家庭农场的经营规模比传统农户有了很大提高，但在病虫害防治、农资采购、产品销售等环节仍然难以实现规模经济，需要专业化的服务组织实现节本增效。同时，家庭农场对于新品种、新技术的需求更加强烈，更需要外部的技术指导和服务。因此，国家应加大对新型农业社会化服务体系的支持力度，在支持农民合作社、龙头企业为家庭农场提高服务的同时，扶持一批专业性强、效率高的专业服务公司，形成多元化的社会化服务体系，为家庭农场生产经营创造更好的外部条件。

（六）建立职业农民的培训体系

家庭农场的生产经营，不但需要农业生产技术，还涉及成本核算、经营管理、市场营销等方面知识和能力。而目前大多数农户没有接受过高等教育，缺乏上述几个方面的知识背景，成为制约其发展的重要因素。因此，国家在建立针对专业化大户和家庭农场的人才培训计划，对有意专业从事农业生产的农民进行系统性的技能培训，提高其专业技术知识和经营管理能力。

（七）发展示范性家庭农场

在市场经济条件下，由于产业特性不同、农户自身能力的差别，即使在同一区域内家庭农场的经营规模也会有很大差异，每一个家庭农场的形成和发展以及其适宜的规模，都是市场自发选择的结果，而不是由行政认定的。但从政策支持的角度看，优先扶持从事粮食生产，能够经营规模适度、土地产出率相对较高的家庭农场，符合满足保障国家粮食安全和重要农产品供给的宏观目标。各地政府可根据本地主要作物和劳均耕地规模，制定一个示范家庭农场的标准，并制定相关支持政策，推动示范家庭农场的发展，对当地家庭农场的发展起到示范带动作用。

四、家庭农场的发展趋势

家庭农场是在土地流转、农业经营体制机制创新的基础上发展起来的新型农业经营主体。据统计，目前，全国家庭农场发展的数量已达 87. 7 万个，由此可见，家庭农场具有广泛实用性和强大的生命力。未来的中国农业经营主体，可能主要由家庭农场、专业大户和兼业农户组成，可以肯定的是，我国相当长时间内仍会以小规模经营农户为主，但土地流转形成的、以家庭农场为主要形式的新型农业经营主体，将是我国商品农产品生产的主体，是我国农业现代化的主体、食品安全监管主体，因而，也是未来我国农业社会化服务体系服务的主体。其未来的发展将呈现以下趋势。

（一）经营运作模式日益科学化

家庭农场的培育应以农户自发形成、政府适当引导为原则，不强求不强制。从经营者角度来说，能经营、会管理，懂技术、敢创新，会沟通、善协调的新型职业农民将是家庭农场的主要经营者。从发展模式角度，因地制宜，结合当地的自然资源特色、文化特色、传统消费习惯种选择发展项目，要积极参与品牌创建工作，形成“品牌+家庭农场”的发展新模式。大力推广种养结合、有机循环模式的家庭农场，最好能把优美的乡村自然景观和观光体验农业，把城市居民的参与、体验、休闲、尝鲜结合起来，发展休闲农业和乡村旅游。在生产上，实现农业生产的规模化、集约化、商品化农业生产。依靠农业科技、机械化等方式，提高和增加农业生产经营过程中的附加价值，延伸经营链条应该是主流。

（二）组织方式由个体走向联合，低端走向高端

从组织的角度来说，家庭农场由个体走向联合，是未来家庭农场发展的重要趋势。通过专业合作社+家庭农场、农业企业+家庭农场、农业企业+专业合作社+家庭农场等方式是家庭农场发展壮大的必然选择。家庭农场“联社”形式可以多样，可以行业性，也可以不分行业联合；经济关系可以是松散型的，也可以是紧密型的。但整体目的都是为了实现更高层次的组织化和集合发展。家庭农场联社基本形式，可以“股份合作制”为主。即以一定数量的家庭农场共同出资为基础，组成“家庭农场战略联盟”性质的“经济共同体”或“经营集群”，依靠“联盟成员”集体力量，办一些“产加销、贸工农、多种经营”集成开发一些新产业，争取在更高层次上做强做大产业，并在更高层次上推进农业组织化和规模化。“家庭农场联合体”的产生，是农业现代化建设的希望。

家庭农场的发展，会在新的基础上形成家庭农场之间的联合，也会与农村合作经济以及城镇工商企业进行联合。总之，今后由于家庭农场的发展会与其他部门经济的联系会更紧密，将对国民经济的发展做出更大贡献。

（三）管理上逐步引进现代企业的管理方法和原理

家庭农场主必须按照企业管理模式来核算成本、加强管理、追逐利润，必须要适应市场、开拓市场，由于家庭农场实行规模化、集约化、商品化生产经营，因而具备较强的市场竞争能力。

农场内部生产经营活动要有组织性和计划性，建立明确的绩效考核制度，严格考核家庭农场每位人员在生产经营中实际劳动和物化劳动消耗状况，要把“农场收支”与“家庭收支”等严格分开，正确反映农场劳动生产率和盈利状况。这是确立农场经营信心、改善经营管理，运用新技术、增强竞争紧迫感的重要依据，也是家庭农场实现利润最大化的重要条件。

在重视生产的同时，更要研究营销，不能等靠政府帮助销，要更多地自我走向市场、了解市场、积极主动地开拓市场，真正成为市场竞争的重要主体。家庭农场如果不与现代企业经营制度许多法则原则结合起来，本质上仍是小农的简单放大。国外许多家庭农场所以长久，一个重要原因就是遵循企业化经营规则，以市场配置资源，严格计划和经济核算，同时，十分注意应用新技术和研究市场，追求利润而不是产量的最大化。

（四）生产上日益注重内涵扩大再生产

随着传统农业向现代化农业的转化，家庭农场成员的经营素质将会大大提高。家庭农场劳动者的智能、技能成为改造传统家庭经营的有力手段。今后家庭农场用于改善家庭经营和技术上的费用支出会大幅度增加，家庭农场经营者的价值观也会发生变化，即改善经营和技术的费用投入比增加劳动者和物资设备的费用投入更合算。工业经济的迅速发展，将为家庭农场生产方式的改进提供重要的条件。可以预见，今后家庭农场会更充分利用工业技术和设备，资金密集型和技术密集型的家庭农场也会更多地出现。因此，内涵型扩大再生产方式，将是家庭农场扩大再生产的主要类型。用增加劳动者数量扩大家庭经营规模的办法，今后会越来越少，更多的是采用新技术、改善经营的办法来增加家庭农场的经济效益。

总之，家庭农场是未来农村发展的一个方向。对消费者意味着可以由更加专业化的农民来提供更安全的食品。对农民意味着可以管理更多土地，进行集约化规范化的经营，一定程度上能解决融资和农产品销售中的一些难题。归纳国内外家庭农场发展实践经验，未来我国家庭农场的发展势必会呈现出注重科学规划、合理布局，依托资源、差异发展，与时俱进、不断创新，产研结合、周到服务，政府扶持、民间拉动，网络营销、宣传推介，示范带动、强农富民，回报社会、合作共赢，注重生态、着眼长远等趋势。

第二章　农场的创建

第一节　农场创建的准备工作

一、分析创建条件

（一）产业发展与产品供求分析

根据当地农业自然秉性、气候条件、当地土地性质、土壤情况及气候条件，选择特色农业产业。同时，要根据消费者的需求，瞄准适宜的消费市场，结合自身优势，找到市场与环境最佳的组合，提供市场最需要的产品。农场主可向有关部门进行政策咨询，或通过网络、手机微信等方式查询了解农产品价格、供需等市场信息，并据此选择生产项目、制订生产方案及组织生产经营活动。

（二）生产经营条件分析

（1）土地。将农场所在地的土地资源进行详细、准确的调查及评价，包括地形、地貌、植被、地质水文、土壤等进行详尽的调研，是正确选择经营项目的前提和基础。根据品种特性，因地制宜，种植最适宜环境的农作物，发挥自然优势，以获取最佳的产量和经济效益。

（2）资金。创建农场要有一定的资金准备，需要分析农机购买使用情况、良种使用情况、土地流转费用、基础设施建设等确定资金需求，并选择多种融资渠道进行资金的筹集。

（3）生产技术。了解农场所选产业当前技术发展的水平，掌握和使用现有的生产技术，并积极关注技术的更新和转化。

（4）田间灌溉设施。了解田间灌溉设施是否能满足所选产业需要，加强和完善田间灌溉设施。

（5）农业机械。组织农场进行规模化生产必须要考虑农机配置情况，分析现有的农机数量和类型是否能满足生产需要，明确所选定的经营规模所需的农机数量和类型，懂得如何配置才能实现规模效益最大化。

（6）交通区位条件。根据区位交通条件分析生产成本和将来产品营销的方式，重点分析确定农场经营项目优势和特色所在，明确目标市场，选择合适的销售渠道开展生产经营活动。

（三）地方政府相关扶持政策分析

了解当地政府有哪些对农场创建扶持政策，可以享受政府的哪些补贴政策。如想创建一个规模在 100 亩以上的农场，流转 50 亩土地，购买 10 万元的农业机械，能够享受什么样的补贴？这就需要农场主主动咨询当地农业部门，学习了解相关扶持政策。

二、进行土地流转

农场要求较高程度的集约化经营和规模化经营，需要农场主从普通农户手中流转更多的土地。然而，不少“农场主”都面临着土地流转的难题。如湖北省宜城市刘猴镇邓冲村“农场主”王庆禄有扩大种植规模的想法，但很难租到集中连片、具备机械化作业条件的田地。从他的经验看，愿意流转的多是只有几亩地的农户，租过来往往不能集中连片利用，也没办法实行机械化。农户往往只把一部分土地出租，另一部分留在自己手上种口粮。他说，“我自己原有 10 多亩地，加上原先合作社流转的 40 多亩土地，一共有 50 亩土地，可是这些土地分别在两个村，一圈地种下来，需要两个村来回跑几趟，费神费力不划算。”

与王庆禄有类似经历的“农场主”还不少。大多数农民为什么不愿流转土地？主要是农民瞻前顾后、心里不踏实。土地是农民手中最重要的资产，事关长远利益。目前，在子女教育、社会保障、住房等问题没有得到根本解决之前，农民不会贸然将土地长久流转出去。不仅如此，中央一号文件规定，既不能限制，也不能强制农民流转土地。没有农民的转移，就不会有农村土地的流转；而要想土地流转，必须解决农民脱离土地后的后顾之忧。

还有一个值得关注的问题是，“农场主”租种土地的承包费如何消解。目前，正常年景之下，农民自种1亩地的粮食一年能赚上千元，如果“农场主”种粮食，单产未必有小户农民高，而且“农场主”还要支付额外的租金，付少了，出租农户不愿意；付多了，农场承担不了。在农场发展初期，可以通过政府补贴消解部分承包租金，但长期这样，恐怕难以为继。

三、筹集资金

农场发展离不开金融支持。一些农场想扩大规模，却遭遇融资难的问题。农业项目投入形不成固定资产，不能抵押融资。多数农场主没有很多可抵押的资产，只能获得小额贷款，而靠少量贷款只不过是杯水车薪，根本解决不了大问题，不少农场主为此头疼不已。

现在流转的耕地，都是过去一家一户的承包地，既分散，又不成块，水、渠、沟、路不怎么配套。改善这些基础设施，需要大量资金。如湖北省蔬果种植大户胡吉红注册了农场。光蔬果基地建设花费了600多万元，修观光水泥路又花了60多万元，虽然“钱景”光明，但前期投入太大，让他很有点吃不消。他说，“自己多年积蓄已全部投入，想贷款又贷不到。”以“稻鳖共生”种养新模式致富的“农场主”郭忠成，农场规模已经达到了400亩，也面临着资金难题。为了实现深加工，他曾多次向银行申请贷款都无结果。他说“农业风险大，生产周期长，效益产出慢，银行不愿放贷。即使放贷，也只是三五万元，顶不了多大的事。”

四、要有高素质的职业农民

“种 1 亩地与种 1 000 亩地不可同日而语”。农场需要什么样的农民？从湖北省涌现的“农场主”可看出一些端倪：王庆禄是种粮大户，郭忠成“发明”了“稻鳖共生”，胡吉红搞的是工厂化种植，他们能脱颖而出，都有自己的强项。从这些升级成功者的素质看，农场已非传统务农者可以胜任。

从市场需求看，当下有 5 类农民最走俏：从一产转向非农就业的“技能型”农民；从事农业生产和经营的“专业型”农民；自主经营农产品精深加工、特色商业、服务业等项目的“创业型”农民；具有技术专长、人格魅力和群众威望的“带动型”农民；有一定企业经营经验的“管理经营型”农民。一些“农场主”说，“高素质农民，年薪 10 万不是问题。只可惜这样的农民太少”。

目前，随着城镇化进程加快，“洗脚上岸，背包进城”已成为大多数农村青壮年的选择，留守农村的多是妇女、孩子和老人，农业劳动力的断层现象已经显现。与此相应的是，这些主要劳动力文化程度普遍偏低，只能勉强维持传统农业生产。现在的农村，“‘60～70 后’不想种地，‘80～90 后’不会种地，‘00 ～10 后’不谈种地”。务农的工价不断在涨，但劳动力依旧难求。

据一位多年在市职业高中任教的农林专业课教师说：“由于市场变化，职业高中的种养殖专业几乎垮掉了，过去有比较优势的涉农专业，近几年都难得招不到人，几乎开不了课。发展农场，农业生产规模化、集约化程度不断提高，对各类生产经营和技能服务型人才产生了巨大需求。”他呼吁要重视职业农民的教育培育，培养一大批适应现代农业发展需要的新型农民。

五、良好的社会服务

近几年来，农产品价格暴涨暴跌，“菜贱伤农”“菜贵伤民”的故事不断上演。传统的大宗农产品如白菜、冬瓜、生猪、禽蛋、麦冬等价格波动剧烈，增产难增收，让农民无所适从。农产品价格暴涨、暴跌，最直接的原因是信息不对称，大多数农场主无法在第一时间了解到增收信息，获得高效品种，掌握增产技术；有了好的农产品，也不知道卖到哪里。有几位“农场主”深有感触地说：“市场瞬息万变，各种致富信息鱼龙混杂，让人对项目摸不着、吃不准、看不透，农产品价格上扬了，有时我们不知道，等知道了追上去已经晚了。”农产品市场走势如何？种啥划算？养啥赚钱？种植、养殖有哪些新技术？养什么禽畜有市场？这些都是“农场主”迫切需要的信息。

调查发现，“农场主”的地位其实很尴尬：与千变万化的大市场相比，仍然显得过于渺小。缺专业人员、缺专业信息渠道、缺对国内外市场的专业研判，使得农场主难以掌握并有效利用市场信息。“农场主”主要凭经验、凭对市场的主观判断种植农产品，往往产销不对路。一些“农场主”和普通农户无多大差别，只是多从农民手里转包了一些田地而已。他们既无晒场，又无粮仓，收割后要么不晒就卖，要么晒在马路上，贮存在自家简易粮仓，长时间存放被老鼠吃了不少，有时还会霉变发芽。连续两年被农业部评为全国种粮大户的童启国就迫切希望有关部门解决农机和粮食存放问题，“让农机有‘机窝’，粮食有粮仓。”

农场要发展好，需要强化完善的社会化服务，包括政策、贸易、气象、病虫害防治、新技术、新品种等实用信息方面的服务。但是，城市目前显然提供不了这样的服务。例如，农业社会化服务组织机构不健全，队伍不精干；各个服务组织之间常常各自为政，形不成合力。有的“服务部”“服务公司”由贸易货栈、小卖部改头换面而来，承担不了“农场主”的个性化服务要求。一些“农场主”反映，有的服务组织服务行为短期化，重创收、收费，轻服务。

六、政府的政策支持

健全的土地流转制度，有利于促进土地流转，扩大农场的经营规模，加强政策支持，规范土地使用权的有偿转让，能够有效促进土地流动。通过合理的流动实现耕地的相对集中，政策上的保证尤为关键。通过流转将土地集中于种田能手，促进土地规模经营。在实际工件中，应进一步加大对土地流转的扶持力度，制定支持政策，加大对流转土地的补贴，促进农场大批地建立和发展起来。

第二节　农场发展规划

农场作为一个独立的法律主体，对内自主经营，对外承担义务，相应的权利应有法律保障，承担的责任应由法律监督，政府扶持政策更需要一个经过法定程序确认的主体来承受。因此，无论从规范管理还是从政策落实的角度，农场主体资格的确认都必须经过一定的审核和公示程序，工商注册登记可以作为农场依法成立的前提条件。

一、注册类型

绝大部分农场登记为个体工商户的主要原因在于：个体工商户的登记条件低，没有注册资本要求，无需验资，登记手续简便快捷，符合法定形式的，当场予以登记，管理宽松。然而，企业形式更符合农场的规模化经营需求，规模化经营是农场的基本特征，经营规模需要以一定数量的从业人员、资产总额、销售额等指标为支撑，而这些都需要通过组织化规范化的管理和经营方能实现。组织性是企业有别于个人的一大特征，营利性是企业追求的基本目的，以利润最大化为目标进行科学管理的企业特征有利于集聚人员、筹措资金和规范管理。采用企业形式设立农场可以推进农场的经营规模化、组织的规范化，提升产品的品牌效应，从而提高销售额和经营利润。

以投资和责任形式为标准，企业通常被划分为公司和个人独资企业、合伙企业 3 种基本形式，这些法人或非法人的企业形式兼具了个体工商户的功能优势又弥补了其缺陷。首先，个人独资和合伙这两类非法人企业既有个体工商户的灵活性又能享受同等的税收优惠政策。其次，个人独资企业、合伙企业和公司的企业属性弥补了个体工商户在生产经营管理方面的不足。

二、主体条件

农场顾名思义是以家庭为基础，设立主体应是农户家庭，主要劳动力和从业人员应为家庭成员。建议参照现行法律中简单多数的立法习惯，以从业人员的过半数为限，即常年从事农场生产经营的人员应有一半以上为家庭成员，季节性、临时性的雇工人员不包括在常年从业人员的基数范围内，或者家庭成员至少有两人直接参与农场的生产经营活动。至于农户家庭的其他条件如经营者的年龄、劳动能力、身体和业务素质、家庭中务农的具体人数、农村户籍所在地等可由各地根据具体情况自行决定是否设定。

三、经营范围

基于农场的性质，其主要经营范围应限定在《中华人民共和国农业法》第二条所规定的农业生产范围，即种植业、林业、畜牧业和渔业等产业，包括与其直接相关的产前、产中、产后服务。目前有部分省市将“以农业收入为家庭收入主要来源”作为申请登记农场应具备的条件之一，笔者认为农场从事农业生产，以农业收入为主是毋庸置疑的前提条件，需要考量的是该家庭是否以从事农业生产为主。而农业收入占家庭总收入的比重在农场作为农业生产的主要经营主体尚未设立并开展生产之际是无法判断和衡量的，将此作为农场的设立条件不具有可操作性，既不现实也无必要。

四、经营规模

农场应具有多大的规模？农场经营规模的具体标准尚无公认的结论。在确定经营规模之前，必须考虑农场之间因所在地区、所处时期、经营内容等诸多因素影响而存在的差异性。从宏观层面来看，可能还无法采用一个统一的方法来准确测算其最优规模，更多的是从理论层面进行分析，目前，对该问题的研究大多从微观层面进行实证分析，课题组认为应基于规模经济效益来测算各地区农场的适度规模，尤其是对规模上限的确定，因为在现实中，多数规定了农场的规模下限，而对上限没有明确要求。

五、土地承包经营权

农场生产经营所使用的土地是农村土地，依法属于农民集体所有或国家所有由农民集体使用，农场只有通过家庭承包方式或承包权流转方式（荒山、荒沟、荒丘、荒滩等农村土地，通过招标、拍卖、公开协商等方式）方可取得该土地的使用权，无论哪种方式均有法定或约定的期限限制。土地使用权的相对稳定是农场生产经营规模化和高效化的基础，因此，土地承包经营权的取得及期限应作为农场成立的必要条件。

农场获得的土地承包经营权的期限应以多长为宜？对此目前各地政府规定不一，而农林作物和农产品均有一定的生长周期，收益期长，土地承包期限过短会严重影响农场的生产投入和经营效益，从而抑制农场经营者的积极性。因此，建议土地流转期限最短不得低于农林作物或农产品的收获期和收益期。

在现实操作中，一些地方将雇工人数、注册资金也列入了农场登记注册时必须具备的条件范围。笔者认为，雇工人数和注册资金均可根据农场申请注册登记的法律主体类型和性质遵循相应的法律规范要求，不需要针对农场设置特别的限制条件。例如，宁波市的农场由于规模较大，雇工较为普遍，70%的农场拥有长期雇工，平均每个农场3名左右，多者达几十人，而季节性雇工更多。显然，农场逐渐扩大规模后或者企业化经营后，会增加雇工的数量，这样劳动力以家庭成员为主的标准就会被突破，就会被质疑是不是影响了家庭性。但是在我国社会化服务体系还不完善的情况下，一定数量的雇工是保证农场经营的条件。

第三节　农场创建模式

新型农业经营主体是我国构建集约化、专业化、组织化、社会化相结合的新型农业经营体系的核心载体。现阶段，我国新型经营主体主要包括专业大户、农场、农民专业合作社、农业企业等。在我国新型农业经营体系中，对各类经营主体具有怎样的地位、扮演什么角色、发挥什么功能等相关研究尚不深入。如何协调各主体之间的关系，也就成为一个挑战。

我们认为，农场作为专业大户的“升级版”，主要面临着与农民专业合作社和农业企业的关系处理问题。

一、农场+农业企业

农业龙头企业在农场发展过程中可能发挥的作用是，作为公司可以应对高昂的信息成本、技术风险，降低专用性资产投资不足，提高合作剩余。龙头企业可以和农场或者合作社，来进行合作经营，或者是“企业+订单农业”方式，成为农业经营方式上的创新。事实上，由于农场的规模性以及对产品质量和品牌的关系，龙头企业都希望与农场进行合作。

在中国乳制品行业中，随着规模化进程的加快，农场养殖（以农场为单位，进行分户、分散养殖的方式）逐渐退出。伊利集团、蒙牛集团为了提高原奶质量纷纷在基地内建设规模化的牧场。2007—2012 年，伊利集团先后投入近 90 亿元用于奶源升级和牧场建设，在全国自建、合建牧场 1 415 个。伊利奶源供应中来自集中化、规模化养殖奶牛的比例达到 90%以上。而蒙牛一直通过投资建设现代化牧场及设备、参股大型牧场提升奶源整体水平及质量控制。2016 年之前蒙牛已实现 100%奶源规模化、集约化。在规模化的进程中，主要采取“企业+家庭牧场”与从事专业原奶生产的家庭牧场进行对接。对接的家庭牧场主要有两种来源：其一，农牧民通过自身发展升级成家庭牧场，部分牧民凭借着辛勤劳动和奉献精神，将土地的自然条件与市场机制很好地结合起来，通过亲缘、乡缘、血缘等联系，专注于奶业的生产经营，成为家庭牧场。像内蒙古自治区（以下简称内蒙古）和林格尔古力半忽洞村的常彦凤牧场；还有农业专业大户转化成家庭牧场，像内蒙古调研的土左旗察素齐镇的雪原牧场等。其二，农民专业合作组织成员分化出的农场，合作组织中的部分成员，包括“大农”和具有一定规模的“小农”分化成独立农场。

广东温氏食品集团有限公司也采取了“公司+农户”模式，以外部组织的规模收益相对有效地克服了小农经营规模不经济的弊端。并开始采取“公司+农场”生产经营模式化解了“公司+农户”下的利益分配难题，实现了龙头企业与农户间更紧密的联结机制，创新了现代农业经营方式。

二、农场+合作社

目前，农民组织化程度低的重要原因在于分散的小农户缺乏组织起来的驱动力，培育农场为农民的组织化提供了基础。农场具有较大规模，能激起农户合作的需求。合作社是实现农民利益的有效组织形式，我国颁布了《中华人民共和国农民专业合作社法》，但是，并没有显著激发农民的合作行为，其中，小规模的生产方式是限制农民合作需求的主要原因之一，因为小规模的农户经营加入合作社与否，并不能带来明显的利益。

农场则不同，加入合作社与否对其利益的获得具有显著影响，合作的需求就会被激发出来。

农场与小农户生产的区别不仅表现在经营规模上，而且表现在现代化的合作经营方式上。农场是农民合作的基础和条件。农场为集约化经营创造了条件，农场的专业化经营通过合作社的经营得以实现。就从农产品的市场营销而言，一个农场打造一个品牌是很困难的，这就需要农场之间的联合，需要形成具有组织化特征的新型农产品经营主体，需要合作社去把家庭串起来。组织化和合作社主要解决小生产和大市场的矛盾，当然也解决标准化生产、食品安全和适度规模化的问题，各类农场在合理分工的前提下，相互之间配合，获得各自领域的效益，这样它就可以和市场对接，形成一种气候和特色。

为促进农场的可持续发展，农场主之间存在合作与联合的动力，农场也可以不断和其他生产经营主体融合。例如，形成“农场+合作社”“农场+农场协会”和“农场+农场主联社”的形式，以推进农资联购、专用农业机械的调剂、农产品培育、销售及融资等服务的开展。

例如，山东省就出台了“农场办理工商登记后，可以成为农民专业合作社的单位成员或公司的股东”，以及“农村家庭成员超过 5 人，可以以自然人身份登记为农场专业合作社”等相关规定。

三、农场+合作社+龙头企业模式

“农场+合作社+龙头企业”模式也是适宜农场发展的一种较好的模式选择，它能够把龙头企业的市场优势及专业合作社的组织优势有效结合起来，可以兼顾农户及龙头企业双方的利益，同时，借助专业合作社的组织优势，提升农场在市场中的地位。目前，这种模式普遍存在，在专业合作社较弱、缺乏加工能力的条件下，可以选用这样模式，将农场有效组织起来，构建产加销一体化的产业组织体系，实现多赢的效果。

四川新希望集团就在进行类似的组织创新，他们扩展“公司+合作组织+农场主+农户”模式，变成了“农业服务员”。一是为农业组织服务，帮助农场发展，并组建更多的农业合作社；二是努力成为提供技术、金融、加工生产和市场等各种农业服务的综合服务商。

第四节　农场注册

一、农场的注册

在全国约 87.7 万户农场中，已被有关部门认定或注册的比较少。目前，已经认定或者注册的农场共有 3.32 万户，其中，农业部门认定 1.79 万户，工商部门注册 1.53 万户。同时，农场可申请登记为个体工商户、个人独资企业，符合法律法规规定条件的，也可以申请登记为合伙企业或有限责任公司。

在相当长时间内，各地对于是否需要工商注册看法不一，很多有志于发展农场的农户也比较迷茫。农场是一个产业组织主体，并非是工商注册的组织类型。国家农业部意见明确提出，依照自愿原则，农场可自主决定办理工商注册登记，以取得相应市场主体资格。

农场是一个自然而然发育的经济组织。许多现实中存在的较大规模的经营农户其实就是农场，但不一定非要到工商部门注册，注册的形式可以多样化。由于农场不是独立的法人组织类型，在实践中有的登记为个体工商户，有的登记为个人独资企业，还有的登记为有限责任公司。农业部提出探索建立农场管理服务制度。县级农业部门要建立农场档案，县以上农业部门可从当地实际出发，明确农场认定标准，对经营者资格、劳动力结构、收入构成、经营规模、管理水平等提出相应要求。依照自愿原则，农场可自主决定办理工商注册登记，以取得相应市场主体资格。

在东南沿海经济发达地区，农场从事农产品的附加值比较高，特别是发展外向型农业的农场，出于经营方面提高公信力和竞争力的需要，因而有动力去工商部门注册登记。《关于促进家庭农场发展的指导意见》指出，在我国，农场作为新生事物，还处在发展的起步阶段。当前主要是鼓励发展、支持发展，并在实践中不断探索、逐步规范。不断发展起来的农场与专业大户、农民合作社、农业产业化经营组织等多种经营主体，都有各自的适应性和发展空间，发展农场不排斥其他农业经营形式和经营主体，不只追求一种模式、一个标准。农场发展是一个渐进过程，要靠农民自主选择，防止脱离当地实际、违背农民意愿、片面追求超大规模经营的倾向，人为归大堆、垒大户。例如，山西省暂行意见明确提出，由各级农经部门负责本行政区域内农场的认定工作。

农场经营者应当是依法享有农村土地承包经营权的农户，以家庭承包和流转土地为主要经营载体。特别提出农场要以家庭成员为主要劳动力，常年雇工数量不超过家庭务农人员数量，农业净收入占农场总收益的比例要达到80%以上。同时，还提出其领头人应接受过农业技能培训，其经营活动有比较完整的财务收支记录，并对其他农户开展农业生产有示范带动作用。

各地省市涉及农业的部门基本上都出台了对农场登记管理工作的意见。在这些意见中，对农场的登记范围、名称称谓、经营场所等方面做出了说明。不少省市规定：以家庭成员为主要经营者，通过经营自己承包或租赁他人承包的农村土地、林地、山地、水域等，从事适度规模化、集约化、商品化农业生产经营的，均可依法登记为农场。这里面所指的家庭，有很多的界定，也出现了许多观点：一种是以传统的家庭为基础，即子女分家后就算一个家庭；也有人建议，以大家庭为基本单元；还有的提出，家庭成员占经营人员的比例至少80%，也可以聘请临时工或长期工；另外一部分人认为，农场主不应局限于农村户口。笔者认为，在尊重农民意愿前提下，家庭的含义可以扩大到祖辈、父辈、儿孙辈甚至其他亲属。在现阶段，农场业主以农村户籍为宜。城市人员、工商资本可以进入农业领域，但目前不宜纳入政策所指向的农场范畴。

国家规定：乡（镇）政府负责对辖区内成立专业农场的申报材料进行初审，初审合格后报县（市）农经部门复审。经复审通过的，报县（市）农业行政管理部门批准后，由县（市）农经部门认定其专业农场资格，做出批复，并推荐到县（市）工商行政管理部门注册登记。

农场登记需要的申报材料。

（1）专业农场申报人身份证明原件及复印件。

（2）专业农场认定申请及审批意见表。

（3）土地承包合同或经鉴证后土地流转合同及公示材料（土地承包流转等情况）。

（4）专业农场成员出资清单。

（5）专业农场发展规划或章程。

（6）其他需要出具的证明材料。

一般有如下材料：第一，土地流转以双方自愿为原则，并依法签订土地流转合同；第二，土地经营规模，例如水田、蔬菜和经济作物经营面积30公顷以上，其他大田作物经营面积50公顷以上，土地经营相对集中连片；第三，土地流转时间，10年以上（包括10年）；第四，投入规模，投资总额（土地流转费、农机具投入等）要达到50万元以上；第五，有符合创办专业农场发展的规划或章程。

二、注册登记

针对部分地方曾出现的农场登记注册名称混乱现象，根据《意见》要求，申请注册登记的农场名称必须有统一规范。例如，申请登记为个体工商户类型的农场，依据《个体工商户条例》及相关规定办理登记，个体工商户农场名称统一规范为“行政区划+字号+农场”；申请登记为有限责任公司类型的农场，依据《中华人民共和国公司法》及相关规定办理登记，公司制农场名称统一规范为“行政区划+字号+农场+有限（责任）公司组织形式”或“行政区划+字号+行业+农场+有限（责任）公司组织形式”；也可以申请登记为个人独资企业或者合伙企业。

申请注册登记的农场名称必须有统一规范。农场与一些养殖、种植大户不同，农场有营业执照，可通过开展经营活动，提高自身知名度，随后通过申请注册商标的方式，形成自有品牌。农场在申请注册商标后，其品牌效应会随着品牌知名度提升而不断增强。

我国幅员辽阔，地貌、气候土壤类型及其组合方式复杂多样，农产品品种丰富，许多产品品质独特，具有丰富的地理标识资源和建立农产品品牌的天然条件。农场的名号可以采取当地有名的山川河流、农场的经营者、特色种植养殖加工等方法命名。

第三章　农场主的项目管理

第一节　农场项目概述

农场的发展与成长，离不开农场成员自身的拼搏和努力，但自身力量毕竟有限，如果能获得国家农业资金的支持，就能更有效地为农场注入动力，增强活力。因此，农场对项目及项目建设应该有必要的了解，并有针对性地争取。

项目一般指同一性质的投资或同一部门内一系列有关或相同的投资，或不同部门内一系列投资。具体项目是指按照计划进行的一系列活动，这些活动相互之间是有联系的，并且彼此间协调配合，其目的是在不超过预算的前提下，在一定的期限内达成某些特定的目标。

而农业项目，泛指农业方面分成各种不同门类的事物或事情，包括物化技术活动、非物化技术活动、社会调查、服务性活动等。在农村、农业、农民的实际工作中，拥有数以万计的各种类型、内容不同、形式多样、时限有长有短的农业项目，包括每年新上的项目、延续实施的项目和需要结题的项目等。

一、项目分类

农业方面的项目依据其性质区分：一般有两大类，一类是生产项目，另一类是农业科技推广项目。

（一）农业生产项目

农业生产项目，主要是指在农、林、水、气等部门中，为扩大农业方面长久性的生产规模，提高其生产能力和生产水平，能形成新的固定资产的经济活动。

（二）农业科技推广项目

农业科技推广项目，主要是指国家、各级政府、部门或有关团体、组织机构或科技人员，为使农业科技成果和先进实用技术尽快应用于农业生产，保障农业的发展，加快农业现代化进程，并体现农业生产的经济效益、社会效益和生态效益而组织的某一项具体活动。

二、项目选择

农场应根据自身条件、定位，宜选择国家政策扶持的项目。

（一）项目选择依据

（1）市场需要。在农业生产经营和技术推广过程中，有时生产经营能力不能适应发展的需要，其生产的农产品并非市场所急需、或某类农产品有供过于求、或农产品附加值太低的问题，因此，需要充分考察国内外市场的需求状况，确定目标市场，并对目标市场进行细分，进而实施不同的农业项目，达到增产增收或其他推广目标。

（2）社会发展的需要。从广义上讲，社会发展就是社会进步。从狭义上讲，社会发展是从传统社会向现代社会的变迁过程。单纯的经济增长不等于社会发展，它包括经济发展、社会结构、人口、生活、社会秩序、环境保护、社会参与等若干方面的协调发展。最主要的是人的发展、现代科技的普及等。

因此，在农业生产经营和技术推广活动中必须有计划、分步骤地开展各种各样的项目实施工作，即以不同的项目有计划、有目的地提高生产经营能力，对新成果进行传播和应用，实现提高农业生产水平。

（二）农业生产项目

1. 现代农业生产发展资金项目

现代农业生产发展资金主要用于支持各地稳定发展粮油战

略产业，加快发展蔬菜等十大农业主导产业，促进粮食等主要农产品有效供给和农民持续增收。现代农业生产发展资金的支持对象为农民专业合作社、农场、专业种养大户，与农民建立紧密利益联结机制，直接带动农民增收的农业龙头企业等现代农业生产经营主体，开展农业科技推广应用的机构以及粮食生产功能区建设主体。优先支持对推进村级集体经济发展壮大有较大作用的主体。现代农业生产发展资金主要支持以下关键环节。

（1）基础设施建设。项目区土地平整、土壤改良，主干道、作业道、蓄水灌溉、田间水利，滴喷灌设施、大棚温室、育苗设施，高标准鱼塘改造、浅海养殖设施、新型网箱、水处理设施，标准化养殖畜禽舍，养殖专用生产设施及防疫设施，“两区”生产配套服务设施等基础设施建设。

（2）设备购置。农（林、渔）业机械，质量安全检测检验仪器设备，农产品产地加工、储藏、保鲜、冷藏等设备购置。

（3）技术推广。良种引进推广、繁育，品种优化改良，先进实用技术和生态循环农业发展模式推广应用与技术培训和示范。

现代农业生产发展资金在加大对种子种苗、科技推广、机械化、产业化与合作经营机制培育、基础设施建设等扶持力度的同时，根据不同产业，重点支持以下具体内容。

（1）粮油产业（主要包括水稻、小麦、玉米、油菜、木本油料等产业）。重点支持基础设施、土壤改良和“三新”技术推广示范、粮食生产高产创建等。

（2）蔬菜产业。重点支持“微蓄微灌”和大棚设施建设等。

（3）茶叶产业。重点支持标准茶园建设和初制茶厂优化改造等。

（4）果品产业（主要包括柑橘、杨梅、梨、桃、葡萄、枇杷、李子、蓝莓等产业）。重点支持精品果品基地建设和产后处理等。

（5）畜牧产业（主要包括猪、牛、羊、禽类等产业）。重点支持标准化生态循环养殖小区建设和良种引进等。

(6) 水产养殖产业（主要包括鱼类、虾蟹类、龟鳖类、珍珠、海水贝藻类等产业)。重点支持高标准鱼塘、新型网箱、节能温室、浅海养殖等基础设施建设和设备购置，以及稻田养鱼、水产健康养殖示范基地、水产品新品种新技术推广等。

(7) 竹木产业。重点支持林区道路等基础设施建设和竹木高效集约经营利用项目等。

(8) 花卉苗木产业。重点支持大棚等设施设备和产品推广等。

(9) 蚕桑产业。重点支持蚕桑优化改造和种养加工设施等。

(10) 食用菌产业。重点支持集约化生产基地和循环生产模式等。

(11) 中药材产业。重点支持药材规范化基地建设和产地加工等。

2. 财政农业专项资金项目

财政农业专项资金项目是为进一步推进粮食生产功能区、现代农业园区和基层农业公共服务中心建设，保障农业现代化行动计划顺利实施而设立的，通过强化资金集聚和项目带动，推动农业生产规模化、产品标准化、经济生态化。支持对象为规范化农民专业合作社、农场、专业大户、国有农场、村经济合作社、与农民建立紧密利益联结机制的农业龙头企业等生产经营主体，以及开展农技推广应用的推广机构。

（三）农业科技推广项目

1. 星火计划

星火计划是依靠科技进步、振兴农村经济，普及科学技术、带动农民致富的指导性科技计划，是国民经济和社会发展计划及科技发展计划的一个重要组成部分。

星火计划的宗旨：坚持面向农业、农村和农民；坚持依靠技术创新和体制创新，促进农业和农村经济结构的战略性调整和农民增收致富；推动农业产业化、农村城镇化和农民知识化，加速农村小康建设和农业现代化进程。

星火计划的主要任务：以推动农村产业结构调整、增加农民收入，全面促进农村经济持续健康发展为目标，加强农村先进适用技术的推广，加速科技成果转化，大力普及科学知识，营造有利于农村科技发展的良好环境。围绕农副产品加工、农村资源综合利用和农村特色产业等领域，集成配套并推广一批先进适用技术，大幅度提高农村生产力水平。

2. 农业科技成果转化资金项目

农业科技成果转化资金项目是指由科技部门和财政部门共同实施、农业部门负责监理的项目，支持对象主要为农业科技型企业。转化资金根据农业科技成果转化地域性强、周期长、风险大的特点，支持有望达到批量生产和应用前景的农业新品种、新技术和新产品的区域试验与示范、中间试验或生产性试验，为农业生产大面积应用和工业化生产提供成熟配套的技术。支持重点：动植物新品种（或品系）及良种选育、繁育技术成果转化；农副产品储藏加工及增值技术成果转化；集约化、规模化种养殖技术成果转化；农业环境保护、防沙治沙、水土保持技术成果转化；农业资源高效利用技术成果转化；现代农业装备与技术成果转化。

3. 科技发展计划

科技发展计划是政府直接参与，实现科技和经济发展目标的有力手段；是政府通过资金运用和政策调控，开发先进适用的农业科学技术，并把这些技术引向农村，引导亿万农民依靠科技发展农村经济，促进农村劳动者整体素质的提高，推动农业和农村经济持续、快速、健康发展。

第二节　农场项目的申报与管理

一、农场项目的申报

（一）申报前的准备

项目主管部门在发布项目指南后，相关农业企业（包括农场）对照指南要求，开始前期准备工作，填写项目申请书，并进行可行性分析研究和论证评估。提交项目申请书后，有的项目还应按照要求准备答辩。为了提高项目申报的成功率，申报单位对所申报的项目，应集思广益，聘请有关专家，参照有关规定和指南进行认真的论证，并积极修改项目申报的相关材料。申报前的论证，关系申报的成败，必须积极、认真，坚持实事求是的原则。

（二）明确项目承担单位条件

农业项目需要具体的承担单位来执行并完成，项目承担单位的条件如下。

（1）领导重视。承担单位领导需对项目的实施非常重视，愿意承担项目的实施工作。

（2）有较完善的组织机构。承担单位必须是农业经营主体，内部管理机构完善，分工明确，人员配备完整。

（3）有较强的技术力量和必要的仪器设备。承担单位的技术依托单位技术力量较强，技术人员有与项目相关的专业知识，技术水平较高，有承担项目实施的经验。同时，有与项目实施要求相适应的仪器设备，能完成项目的实施任务。

（4）有一定的经济实力。农业项目的实施，除项目下达单位拨付一定经费外，往往还需要承担单位配套相应的经费。因此，承担单位必须有一定的经济实力，才能完成项目实施任务。

（5）有较强的协调能力。有的项目一个单位完成有一定的困难，需要其他相关单位配合才能完成。因此，在有多个单位一起参与的情况下，主持（承担）单位必须具有较强的协调能力，指挥协作单位共同完成项目任务。

（三）明确项目承担单位和申请人的职责

项目主持人（负责人）一般应由办事公正、组织协调能力较强、专业技术水平较高的行家担任。项目主持单位和项目主持人（负责人），能牵头做好以下工作。

（1）编写《项目可行性研究报告》，并根据专家论证意见修改、补充，形成正式文本。

（2）搞好项目组织实施、组织项目交流、检查项目执行情况。每年年底前将上一年度项目执行情况报告、统计报表及下一年度计划，报项目组织部门审查。

（3）汇总项目年度经费的预决算。

（4）负责做好项目验收的材料准备工作。

（5）传达上级主管部门有关项目管理的精神，反映项目实施过程中存在的问题，提出相应的解决意见，报项目组织部门审核。

（四）项目申报材料的一般格式

（1）农业生产项目的申报材料一般有项目可行性研究报告和财政申报文本两种。

第一，农业项目可行性研究报告的一般格式和要求。

域目摘要：项目内容的摘要性说明，包括项目名称、建设单位、建设地点、建设年限、建设规模与产品方案、投资估算、运行费用与效益分析等。

项目建设的必要性和可行性。

市场（产品）供求分析及预测，主要包括本项目区本行业（或主导产品）发展现状与前景分析、现有生产能力调查与分析、市场需求调查与预测等。

项目承担单位的基本情况，包括人员状况，固定资产状况，现有建筑设施与配套仪器设备状况，专业技术水平和区域示范带动能力等。

项目地点选择分析。项目建设地点选址要直观准确，要落实具体地块位置并对与项目建设内容相关的基础状况、建设条件加以描述，不可以项目所在区域代替项目建设地点。具体内容包括项目具体地址位置（要有平面图）、项目占地范围、项目资源及公用设施情况，地点比较选择等。

生产工艺技术方案分析，主要包括项目技术来源及技术水平、主要技术工艺流程、主要设备选型方案比较等。

项目建设目标：包括项目建成后要达到的生产能力目标，任务、总体布局及总体规模。

项目建设内容：项目建设内容主要包括土建工程、田间工程（指农牧结合的）、配套仪器设备等。要逐项详细列明各项建设内容及相应规模。土建工程：详细说明土建工程名称、规模及数量、单位、建筑结构及造价。建设内容、规模及建设标准应与项目建设属性与功能相匹配，属于分期建设及有特殊原因的，应加以说明。水、暖、电等公用工程和场区工程要有工程量和造价说明。田间工程：建设地点相关工程现状应加以详细描述，在此基础上，说明新（续）建工程名称、规模及数量、单位、工程做法、造价估算。配套仪器设备：说明规格型号、数量及单位、价格、来源。对于单台（套）估价高于5万元的仪器设备，应说明购置原因及理由和用途。对于技术含量较高的仪器设备，需说明是否具备使用能力和条件。配套农机具：说明规格型号、数量及单位、价格、来源及适用范围。大型农机具，应说明购置原因及理由和用途。

投资估算和资金筹措。依据建设内容及有关建设标准或规范，分类详细估算项目固定资产投资并汇总，明确投资筹措方案。

建设期限和实施的进度安排。根据确定的建设工期和勘察设计、仪器设备采购、工程施工、安装、试运行所需时间与进度要求，选择整个工程项目最佳实施计划方案和进度。

土地、规划、环保和消防。需征地的建设项目，项目可行性研究报告中必须附国土资源部门核发的建设用地证明或项目用地预审意见。需要办理建设规划报建以及环评和消防审批的，附规划部门以及环保、消防部门意见。

项目组织管理与运行，主要包括项目建设期组织管理机构与职能，项目建成后组织管理机构与职能、运行管理模式与运行机制、人员配置等；同时要对运行费用进行分析，估算项目建成后维持项目正常运行的成本费用，并提出解决所需费用的合理方式。

效益分析与风险评价。对项目建成后的经济与社会效益测算与分析。特别是对项目建成后的新增固定资产和开发、生产能力，以及经济效益、社会效益等进行量化分析。

有关证明材料。各种附件、附表、附图及有关证明材料应真实、齐全。

第二，农业财政资金项目申报标准文本的一般格式和要求。

农业财政资金项目申报标准文本为表格式文本，按其具体要求逐一填写。主要有以下内容。

基本信息：包括项目名称、资金类别、项目属性、总投资、其中申请财政补助、项目单位名称等。

项目可行性研究报告摘要：包括项目与项目单位概况（项目基本情况：立项背景、建设目标等；项目单位情况：近两年财务状况、技术条件和管理方式等）、投资必要性分析（是否符合产业政策、行业和地区发展规划；资源优势及其与当地主导产业关系；促进当地经济发展和农民增收作用）、市场分析（项目主要产品种类、生产和销售情况；主要产品的市场供需状况及发展趋势；主要产品的市场定位与竞争力）、生产、建设条件分析（项目所在地自然资源条件、社会经济条件；交通、水、电、通信等基础设施与配套设施）、建设方案（项目实施地点、范围和实施计划；建设内容和技术方案；项目运作机制和组织落实）、财政补助资金支持环节、投资估算与资金筹措、主要财务指标、社会效益分析、示范带动作用、促进农民增收、公共服务覆盖范围、生态环境影响、结论。

项目评审论证表和申报项目审核表。

(2) 农业科技推广项目的申报材料一般包括项目申请表、项目可行性报告、承诺书及有关附件材料等。

项目可行性报告的一般格式和要求如下。

项目概况，国内外同类研究情况（包括技术水平）；技术（产品）市场需求、经济、社会、生态效益分析；项目主要研究开发内容、技术关键；预期目标（要达到的主要技术经济指标，自主知识产权申请拥有设想）；项目现有技术基础和条件（包括原有基础、知识产权情况、技术力量的投入、科研手段等）；实施方案（包括技术路线、进度安排）；项目预算（包括经费来源及用途）；申请单位概况（包括企业规模、技术力量、设备和配套情况、企业资产及负债情况）；项目负责人及主要参加人员简历等。

（五）项目的立项程序

申报农业项目，首先要由承担单位，主要是农村农场等经济实体，根据项目申报指南要求，选择符合自身实际要求的项目，填报申请表及项目可行性报告，分别通过网上和书面两条途径向项目主管部门申报。项目主管部门接到申报材料后，将组织相关专家进行综合评价，有的还要进行实地考察，有的项目初评结果还将在网上进行公示，公示期限内无异议的正式立项，并签订项目合同或下达项目计划任务书。

二、项目管理

（一）项目管理的概述

项目管理就是应用系统的方法，对项目的拟定立项、实施执行、成果评价、申报归档等各个阶段工作的实践活动、联结与配合进行有效的协调、控制与规范行为，以达到预期目标的活动过程。

项目管理与管理的性质一样，具有二重性，即自然属性和社会属性。

管理的自然属性，表明了凡是社会化大生产、产业化、规模化的劳动过程，都需要管理，管理的这种自然属性主要取决于生产力发展水平和劳动社会化程度，而不取决于生产管理的性质；管理的社会属性表明了一定生产关系下管理的实质，这种社会属性，随着生产关系的变化而变化，因而它是管理的特殊属性。例如，农业项目的管理对象，是参加项目实施的广大科技人员及农业劳动者，他们是项目的主人，项目的实施过程是他们直接参与的过程，也是项目决策的参与者，通过各种方法，如经济方法、行政方法、法律方法，充分地调动他们直接参与的积极性、主动性和能动性，自觉地规范行为，实现项目的预定目标。

（二）项目管理的内容

（1）项目申报立项管理。主要是项目组织单位的管理工作，其具体内容包括下达项目的编写大纲或申报指南，接受申报，组织专家对申报项目进行可行性研究，做出决策，否定或批准立项，下达项目计划并执行。

（2）项目实施管理。具体的内容包括层层签订合同，对实施方案与计划执行管理、对实施单位的人、财、物管理，检查、反馈与调整等，这一阶段的管理工作包括高层管理、中层管理和基层管理的交叉，需要互通信息、密切配合、协调共进，保证项目的顺利实施。

（3）项目验收与鉴定管理。其具体内容包括资料整理、总结工作的管理，对经项目承担单位申请、项目组织单位组织项目验收与鉴定工作的管理，对农业科技推广项目成果报奖及材料归档的管理工作等。

（三）项目管理的方法

（1）分级管理。项目组织部门根据各自的情况制订各自的项目计划，这些项目，一般按下达的级别进行管理。省、市、县级项目组织部门分别管理跨市、跨县、跨乡的项目。承担上级的项目，执行中的修正方案要报上级管理部门批准；项目结束后，档案材料正本要交上级管理部门，自己只留副本。

（2）分类管理。在各级部门管理的项目中，一般分为农、林、牧、渔项目，隶属各部门管理，部门内再按专业划分，以便于按照各专业的特点，采取不同的管理办法组织实施。

（3）封闭式管理。每个农业项目的管理，从目标制订，下达部署，组织执行，反馈修改方案，直至实现目标，必须形成一个封闭的反馈回路，称为封闭式管理。项目管理中如果有头无尾或只有方案没有反馈，不按照项目程序进行，就很难达到预定目标。

（4）合同管理。项目计划下达后，项目下达部门可与下级部门逐级签订合同书，将项目实施目标，技术经济指标，完成时间，需要的经费、物资，考核验收办法，奖惩办法等写入合同，经各方签字后生效。

第三节　投资估算

实施投资估算，可以合理挖掘现有资源潜力，选出最佳预算方案，减少决策盲目性和降低风险。加强财务管理，把预算作为控制各项业务和考核绩效的依据，以此协调各部门、各环节的业务活动，减少或消除可能出现的矛盾，使农场经营保持最大限度的平衡。以某一休闲农场的投资估算为例。

一、投资估算依据

国家、省和当地政府有关文件，并结合项目实际情况进行估算。

二、项目建设投资估算

1. 项目固定资产投资

建筑工程费、设备购置费、其他工程费、工程预备费、建设单位管理费、工程勘察设计费、工程监理费、临时施工费（表3-1、表3-2）。

2. 流动资金估算

流动资金估算按详细估算法计算，如表3-3所示。

3. 项目总投资

项目估算总投资，包括固定资产、有形资产、无形资产、递延资产、预备费用以及流动资金。

表3-1　投资估算表（一）　　单位：万元

序号	项目名称	工程费用	设备费用	安装费用	其他费用	合计	工程指标			备注
							单位	数量	造价	
	第一部分									
1	租地费用						亩			
2	餐饮区						栋			
3	果园						亩			
4	温室大棚						间			
5	人行步道						m			
6	石砌挡墙						m			
7	排灌渠						m			
8	木屋别墅						栋			
9	多功能馆						m^2			x层
10	员工宿舍						栋			x层
11	景观品茗						座			
12	公共厕所						座			
13	垂钓区						亩			
14	棋茶艺社						栋			x层
15	停车场						个			
16	果农场						亩			
17	植树						株			
18	水井						座			
19	供电通信									
20	路灯亮化									

（续表）

序号	项目名称	工程费用	设备费用	安装费用	其他费用	合计	工程指标			备注
							单位	数量	造价	
21	苗木									
22	草坪									
	总计									

表 3-2　投资估算表（二）　　单位：万元

序号	项目名称	工程费用	设备费用	安装费用	其他费用	合计	工程指标			备注
							单位	数量	造价	
	第二部分									
1	建设单位管理费用									
2	工程勘察设计费用									
3	监理费用									
4	临时施工									
5	办公生活家具购置									
	合计									
	预备费用									
	总计									

表 3-3　流动资金估算表　　单位：万元

项目	合计	第 1 周年	第 2 周年	第 3 周年	第 4 周年	第 5 周年	第 6 周年	第 7 周年	第 8 周年	第 9 周年	第 10 周年
流动资产											
应收账款											
存货											
现金											

（续表）

项目	合计	第1周年	第2周年	第3周年	第4周年	第5周年	第6周年	第7周年	第8周年	第9周年	第10周年
流动负债											
应付账款											
流动资金											
流动资金本年增加											

三、流动资金详细估算法

流动资金的显著特点是在生产过程中不断周转，其周转额的大小与生产规模及周转速度直接相关。详细计算法是根据周转额与周转速度之间的关系，对构成流动资金的各项流动资产和流动负债分别进行估算。计算公式为：

流动资金=流动资产+流动负债

流动资产=应收账款+存货+现金

流动负债=应付账款

流动资金本年增加额=本年流动资金-上年流动资金

估算的具体步骤，首先计算各类流动资产和流动负债的年周转次数，然后再分项估算占用资金额。

1. 周转次数计算

周转次数是指流动资金的各个构成项目在一年内完成多少个生产过程。

周转次数=360+最低周转天数

存货、现金、应收账款和应付账款的最低周转天数，可参照同类企业的平均周转次数并结合项目特点确定。又因为：

周转次数=周转额÷各项流动资金平均占用额

如果周转次数已知，则：

各项流动资金平均占用额=周转额+周转次数

2. 应收账款估算

应收账款是指企业对外赊销商品、提供劳务而占用的资金。应收账款的周转额应为全年赊销销售收入。在可行性研究时，用销售收入代替赊销收入。计算公式为：

应收账款=年销售收入÷应收账款周转次数

3. 存货估算

存货是企业为销售或生产耗用而储备的各种物资，主要有原材料、辅助材料、燃料、低值易耗品、维修备件、包装物、在产品、自制半成品和产成品等。

为简化计算，仅考虑外购原材料、外购燃料、在产品和产成品，并分项进行计算。计算公式为：

存货=外购原材料+外购燃料+在产品+产成品

外购原材料占用资金=年外购原材料总成本÷原材料周转次数

外购燃料=年外购燃料÷按种类分项周转次数

在产品=（年外购材料、燃料+年工资及福利费+年修理费+年其他制造费）÷在成品周转次数

产成品=年经营成本÷产成品周转次数

4. 现金需要量估算

项目流动资金中的现金是指货币资金，即企业生产运营活动中停留于货币形态的那部分资金，包括企业库存现金和银行存款。计算公式为：

现金需要量=（年工资及福利费+年其他费用）÷现金周转次数

年其他费用=制造费用+管理费用+销售费用-（以上各项费用中所含的工资及福利费、折旧费、维修费、摊销费、修理费）

5. 流动负债估算

流动负债是指在一年或超过一年的一个营业周期内，需要偿还的各种债务。

在可行性研究中，流动负债的估算只考虑应付账款一项。

计算公式为：

应付账款=（年外购原材料+年外购燃料）÷应付账款周转次数

根据流动资金各项估算结果，编制流动资金估算表。

第四节　财务评价

财务评价是根据财务估算提供的报表和数据，编制基本财务表，分析计算投资项目整个生命周期发生的财务效益和费用，计算评价指标，考察项目财务状况，判断项目的财务可行性。财务评价是投资项目的财务分析核心，也是决定项目投资与否的重要决策依据。主要包括收集和估算财务数据、编制财务基本报表、进行财务评价、进行不确定性分析4个步骤。以某一农场为例予以说明。

一、评价依据

国家现行的财会税务制度，对项目进行财务评价。

二、基本数据计算与表格

1. 计算期的确定

项目建设期为 x 年，项目计算期拟定为 y 年，其中，第 $1\sim x$ 年为建设期，第（$x+1$）年开始产生营业收入。

2. 营业收入、营业税金及附加估算

项目营业收入来源为旅游门票收入、（绿色）产品销售收入及相关旅游服务等方面的收入，如表3-4所示。

表 3-4　营业收入、营业收入税金及附加估算表

单位：元

项　目	1	2	3	4	5	6	7	8	9	10
营业收入合计										
税金附加合计										
游客量（万人）										
收入（元/人）										
营业收入										
产品销售										
税率										
营业税金附加										
营业税										

3. 总成本费用估算

（1）工资及福利。该项目费用按职工总数乘以年工资及福利费指标，工资乘以养老保险、失业保险、医疗保险和住房基金指标，两项合并计算构成。

（2）折旧及摊销。折旧与摊销采用平均年限法，固定资产建筑物折旧按年限 25 年，机械设备折旧年限 13 年，无形资产递延、资产摊销按 10 年计算，如表 3-5 所示。

表 3-5　固定资产折旧、无形资产递延、资产摊销估算表

项目	折旧年限	1	2	3	4	5	6	7	8	9	10
建筑工程	25										
原值											
折旧费											
净值											
设备	13										

（续表）

项目	折旧	1	2	3	4	5	6	7	8	9	10
原值											
折旧费											
净值											
其他资产	10										
原值											
折旧费											
净值											
无形，延递	10										
原值											
摊销费											
净值											
固定资产合计											
折旧费											
净值											

（3）修理及道路维护费。该项费用的计算方法按占固定资产原值的比率和道路维护费用计算。

（4）其他管理费用。其他管理费用为农场日常管理所发生的办公费、差旅费、日常维护、旅游宣传等相关费用。总成本与其他费用估算，如表 3-6 所示。

表 3-6　成本与费用估算表　　单位：万元

项目	合计	1	2	3	4	5	6	7	8	9	10
工资											
修理及维护											

（续表）

项目	合计	1	2	3	4	5	6	7	8	9	10
折旧摊销费											
利息											
其他费用											
总成本费用											
固定成本											
可变成本											
经营成本											

4. 利润估算及分配

利润总额=营业收入−总成本−营业税金及附加

依据现行财税制度，项目缴纳企业所得税，税率为 $x\%$：

企业所得税=应纳税所得额×税率

税后利润=利润总额−企业所得税

利润估算及分配损益如表 3-7 所示。

表 3-7　利润估算及分配损益表

单位：万元

项目	合计	1	2	3	4	5	6	7	8	9	10
营业收入											
营业税、附加费用											
总成本费用											
利润总额											
所得税											

（续表）

项目	合计	1	2	3	4	5	6	7	8	9	10
税后利润											
盈余公积金											
公益金											
未分配利润											

5. 财务盈利能力分析

反映企业盈利能力的指标主要有销售毛利率、销售净利率、成本利润率、总资产报酬率、净资产收益率、资本保值增值率和财务内部收益率等。

（1）销售毛利率。销售毛利率是销售毛利与销售收入之比，其计算公式为：

销售毛利率（%）＝销售毛利÷销售收入×100

其中，

销售毛利＝主营业务收入（销售收入）－主营业务成本（销售成本）

（2）销售净利率。销售净利率是净利润与销售收入之比，其计算公式为：

销售净利率（%）＝净利润÷销售收入×100

（3）成本利润率。成本利润率是反映盈利能力的另一个重要指标，是利润与成本之比。成本有多种形式，但这里成本主要指经营成本，其计算公式为：

经营成本利润率（%）＝主营业务利润÷经营成本×100

其中，

经营成本＝主营业务成本＋主营业务税金及附加

（4）总资产报酬率。总资产报酬率是企业息税前利润与企业资产平均总额的比率。由于资产总额等于债权人权益和所有者权益的总额，所以该比率既可以衡量企业资产综合利用的效果，又可以反映企业利用债权人及所有者提供资本的盈利能力和增值能力。其计算公式为：

总资产报酬率（%）＝息税前利润/资产平均总额＝（净利润+所得税+利息费用）÷［（期初资产+期末资产）÷2］×100

该指标越高，表明资产利用效率越高，说明企业在增加收入、节约资金使用等方面取得了良好的效果；该指标越低，说明企业资产利用效率低，应分析差异原因，提高销售利润率，加速资金周转，提高企业经营管理水平。

（5）净资产收益率。净资产收益率又叫自有资金利润率或权益报酬率，是净利润与平均所有者权益的比值，它反映企业自有资金的投资收益水平。其计算公式为：

净资产收益率（%）＝净利润÷平均所有者权益×100

该指标既是企业盈利能力指标的核心，也是杜邦财务指标体系的核心，更是投资者关注的重点。

（6）资本保值增值率。资本保值增值率是指所有者权益的期末总额与期初总额之比。其计算公式为：

资本保值增值率（%）＝期末所有者权益÷期初所有者权益×100

如果企业盈利能力提高，利润增加，必然会使期末所有者权益大于期初所有者权益，所以该指标也是衡量企业盈利能力的重要指标。当然，这一指标的高低，除了受企业经营成果的影响外，还受企业利润分配政策的影响。

（7）财务内部收益率。财务内部收益率是反映项目在计算期内投资盈利能力的动态评价指标，它是项目计算期内各年净现金流量现值等于零时的折现率。

6. 投资回收期计算

投资回收期是以项目税前净收益抵偿全部投资所需的时间，可根据财务现金流量表（全部投资所得税前）累计净现金流量栏中的数字计算求得，计算公式为：

投资回收期=（累计净现金流量开始出现正值年份数-1）+（上年累计净现金流量绝对值÷当年净现金流量）

全投资现金流量如表3-8所示。

表3-8　全投资现金流量表　　单位：万元

项目	合计	1	2	3	4	5	6	7	8	9	10
现金注入											
营业收入											
回收固定资产余值											
回收流动资金											
现金流出											
建设投资											
流动资金											
经营成本											
营业税金及附加											
所得税											
净现金流量											
累计净现金流量											
税前净现金流量											
累计税前净现金流量											

7. 不确定分析

（1）盈亏平衡分析。以营业收入水平比表示的其计算公式为：

盈亏平衡点（%）=（固定成本÷营业收入-营业税金及附加-可变成本）×100

（2）敏感性分析。考虑项目实施过程中一些不确定因素的变化，分别对营业收入、经营成本和固定资产投资做单因素变化对财务内部收益率、投资回收率的敏感性分析（表 3-9）。

表 3-9　敏感性分析计算表

范围	所得税后						所得税前					
	内部收益率（%）			投资回收期（年）			内部收益率（%）			投资回收期（年）		
	营业收入	营业成本	固资投资	营业收入	营业成本	固资投资	营业收入	营业成本	固资投资	营业收入	营业成本	固资投资
−30%												
−20%												
−10%												
—												
10%												
20%												
30%												

第五节　农场优势农产品加工项目建设

一、优势农产品加工业发展规划

（一）遵循的主要原则

（1）市场导向原则。瞄准国内、国际两个市场，立足市场对农产品及其加工品的消费需求，重点发展有比较优势和有特色的农产品加工业，发挥规模效益。

(2) 产业化经营原则。发展壮大农产品加工的龙头企业，培育一批市场竞争力强的新型市场主体，促进农产品加工企业与原料基地紧密结合、上下游产品有机衔接、产加销一体化经营。

(3) 科技创新原则。加大农产品加工的技术攻关和技术创新力度，大力引进和自主开发高新技术、设备和工艺，加快企业技术改造步伐，提高产品质量和档次。

(4) 可持续发展原则。坚持高标准、严要求，采用先进工艺和技术，切实推行清洁生产，保护生态环境，推动经济、社会、环境协调发展。

(5) 鼓励投入多元化原则。按照“谁投资，谁开发，谁受益”的原则，引导各类资金发展农产品加工业，实行投资渠道的多元化。

(6) 加强宏观指导原则。通过制定和实施农产品加工业发展规划、政策，引导农产品加工业合理布局，提高农产品加工的现代化水平。

(二) 确定发展思路与目标

依据国内外农产品加工业发展趋势，加快农业资源的开发利用；依托优势农产品基地，实行大、中、小型加工企业合理布局，重点扶持大中型加工企业发展；依靠科技进步，着力提高农产品综合加工能力，逐步实现农产品由初级加工向高附加值精深加工转变，由资源消耗型向高效利用型转变；推进农产品加工原料生产基地化、产加销经营一体化、农产品及其加工制成品优质安全品牌化，不断提高农业的综合效益和竞争力，促进国民经济持续健康发展。

二、优势农产品加工业的主要领域

农产品优势具有区域性，不同省份有不同的优势农产品。因此，农场要发展优势农产品必须结合当地实际情况做出决策。例如，湖南省是传统农业大省，农业资源十分丰富，自古就有

“湖广熟，天下足”的美誉。湖南省主要农产品中，水稻、柑橘、苎麻、油茶产量均居全国第一位；生猪出栏量居全国第二位，外销量居全国第一位；禽蛋、淡水鱼、棉花、茶叶等农产品产量也在全国占有重要地位。湖南省农产品加工业的资源条件得天独厚，加工增值潜力巨大。

例如，某地农产品加工业发展重点为粮食、畜禽、果蔬、油料、茶叶、水产品、棉麻、竹木加工八大主导产业，重点打造粮食、畜禽、果蔬加工三大产业，发展培育一批年产值过数亿元的龙头企业。因此，该地农场的规划与建设必须结合农产品优势产业发展规划，以上述重点发展产业为依托，延伸产业链头，建设成为优势产业的生产基地、加工基地。

三、农场农产品加工项目建设要点

(1) 总体概述。介绍加工项目名称和项目概述；产品需求与产品销售；产品方案与生产规模；生产方法；主要原料与水电供应；环境保护；总投资与资金来源；经济、社会效益分析。

(2) 项目背景与发展概况。简要介绍加工项目的产生背景和项目发展前景分析。

(3) 市场需求与建设规模。市场需求现状；建设规模。

(4) 建设条件。资源；主要原材料、辅助材料；建厂条件包括水、电、气候、公共设施、水文条件等。

(5) 工程技术方案。①生产技术方案，产品采用的质量标准、技术方案选择、工艺流程、主要原材料、动力消耗指标。②总平面布局与运输。

(6) 环境保护。对环境影响预测；设计采用的标准；环境保护及处理措施。

(7) 劳动人员培训。加强对农产品加工技能、食品生产相关法律法规、生产流程与要求以及卫生要求等方面的培训。

(8) 实施进度。选址、建厂、购置设备、安装生产线、原材料供应等方面的时间安排。

（9）投资估算与资金筹措。农产品加工厂需要的投资估算及资金的筹集方式。

（10）产品成本估算。农产品加工成本、包装成本、工人工资、机器设备损耗折旧以及场地地租等方面的费用估算。

（11）财务、经济评价。对农场正常运营进行财务、经济评价，投入产出分析等。

第四章　农场主的经营管理

第一节　农场经营管理制度体系

一、农场产业发展管理制度

国际劳工局最早对产业做了比较系统的划分。即把一个国家的所有产业分为初级生产部门、次级生产部门和服务部门。后来，许多国家在划分产业时都参照了国际劳工局的分类方法。第二次世界大战以后，西方国家大多采用了三次产业分类法。在中国，产业的划分是：第一产业为农业，包括农、林、牧、渔各业；第二产业为工业，包括采掘、制造、自来水、电力、蒸汽、热水、煤气和建筑各业；第三产业分流通和服务两部分，共4个层次：①流通部门，包括交通运输、邮电通信、商业、饮食、物资供销和仓储等业。②为生产和生活服务的部门，包括金融、保险、地质普查、房地产、公用事业、居民服务、旅游、咨询信息服务和各类技术服务等业。③为提高科学文化水平和居民素质服务的部门，包括教育、文化、广播、电视、科学研究、卫生、体育和社会福利等业。④为会公共需要服务的部门，包括国家机关、政党机关、社会团体以及军队和警察等。农场产业发展并不是孤立的农业生产的发展。只有各个产业协调有序发展才能促进每个产业更好更快的发展。

（一）国有农场产业发展管理制度

现在全国各地区的国有农场采取了多样化的产业发展模式，因此，产业发展制度也不尽相同。但是国有农场产业发展的本质依然是遵循国家政策安排，国有农场产业发展要以保证粮食生产为前提。

传统农业经营模式是一种军事化或半军事化的生产模式，生产技术相对落后，主要是传统的生产技术，生产过程主要依靠人力，生产的目的是为了满足自身生存的需要。基本的经营制度是以连队为单位组成生产单位，统一配发劳动工具，职工的基本生活物资统一供给制，农业生产的最终成果统一向上级上缴，上级根据劳动成果和人数的多少进行配给。由于再生产过程中，继续沿用部分军队的体制，所以当时的农业生产具有浓厚的军队色彩，上级的旨意一旦传达，很快就会得到切实的贯彻和落实。这种体制在当时的农业生产设施落后的形势下发挥了巨大的作用，集中了所有的力量建设了一大批大型农业生产基础设施，如大兴水利建设、大面积开垦良田工程。但是，这种产业发展模式随着机械化程度的提高，半军事化经营模式不利于灵活机动地开展生产活动；同时，也容易滋生大锅饭的消极思想。

现在在部分国有农场采用“统分结合的双层经营体制”。它是以大农场的统一经营为主导，以农场的分散经营为核心与基础，以国有土地为依托，通过承包与租赁环节，实行统分结合的一种新型的农业产业发展制度。它标志着大、小农场之间除了原有的行政隶属关系，即领导与被领导的固有关系外，还有发包方与承包方、出租方与租赁方之间的契约关系，这实质上是承认大小农场在经济活动中的平等关系。新的关系要求农场转换职能，为此农场在管理上做了大量的工作。

（二）农场产业发展管理制度

我国是社会主义国家。集体所有制是社会主义公有制的组成部分，共同富裕是社会主义的本质特征。发展农场生产经营必须有利于缩小城乡收入差距，破解“三农”问题，要让尽可能多的农户家庭通过发展农场提高生活水平。政府在推动农场适度规模经营过程中，必须处理好公平与效率的关系。另外，农场生产经营规模在客观上受到我国现阶段农业生产技术水平、不同地区的自然资源禀赋差异、农村土地小规模碎片化格局等因素制约。因此，我国农场的生产经营规模将呈现出政府农场是未来农场发展的趋势。发展农场有利于推进土地适度规模经营，有利于促进农业经营体制创新和现代农业发展。农场模式已经成为农业和农村改革的新途径。

农场的发展首先需要以下条件作为保障。①具备土地适度聚集的条件。即具有较高的工业化、城市化发展水平，农业生产力向二三产业转移程度较高，在家庭承包制下的一家一户流转出承包土地成为可能，这是首要条件。否则，发展农场就没有集聚土地、无法实现适度规模的基本条件。农业家庭经营就会出现“有地无人种、有人无地种”的现象，大大地降低了农业生产效率。②需要有良好的财产权利保障。在家庭承包制下，推进土地流转是发展农场的基本路径。其前提是土地产权的清晰界定和有效保障。包括农民土地家庭承包权的保障和流转后土地经营权的保障，二者缺一不可。没有家庭承包经营权的物权化保障，农民就不愿意也不敢流转土地，以避免土地承包权的受损和丧失；没有流转后土地经营权的保障，土地流入主体的农场就难以获得长期、稳定的土地使用权，生产经营就没有可持续性。③需要具有一定的科技装备的支撑。小规模普通农户引入现代物质技术装备等技术资源要素缺乏经济实力，也没有规模经济支撑，因而其缺乏引入现代物质资源要素的能动性；而在物质装备匮乏科技落后的条件下，无论是普通农户还是农场等其他农业生产经营主体，均达不到提高现代物质技术装备的环境支撑。因此，从事规模经营的农场，在其内部有主动性、积极性引进现代物质技术装备的同时，也需要外部存在或供应与之相适用的物质技术装备，否则难以有效发挥劳动和土地的生产潜能。

二、农场安全管理制度

农场安全管理主要包括农用机械安全管理、禽规模养殖污染管理、消防管理、治安管理等几大内容。农业安全管理范畴涉及的范围广，容易在各个环节上出现安全问题。没有明确的安全管理制度，容易出现管理交叉或者管理空白等问题。因此，有必要对农场安全管理范畴作出明确的界定，方便管理主体进行有效管理。

（一）农用机械安全生产制度

全国农机总动力达 9.2 亿千瓦，农机拥有量 4 000 多万套，其中，拖拉机和联合收割机约 3 500 万台。农业机械，包括拖拉机、联合收割机、机动植保机械、机动脱粒机、饲料粉碎机、插秧机、铡草机等。在农业生产中，必须规范农机操作者的生产行为。

目前，我国农业机械已经建立进入机制（经营者购买农机、进行注册登记、检验、合格投入使用），却没有建立相应的农机报废更新机制。随着《中华人民共和国农业机械化促进法》和《农业机械安全监督管理条例》的出台和实施，建立农机报废更新机制势在必行。

《农业机械安全监督管理条例》在总则中指出：“为了加强农业机械安全监督管理，预防和减少农业机械事故，保障人民生命和财产安全，制定本条例。在中华人民共和国境内从事农业机械的生产、销售、维修、使用操作以及安全监督管理等活动，应当遵守本条例。”在该条例中，从生产、销售和维修，使用操作，事故处理，服务与监督，法律责任五大方面规范了农机使用、操作的条例。并在附则中补充说明农业机械证书、牌照、操作证件和维修技术合格证的颁发和拖拉机操作证件考试收费、安全技术检验收费和牌证的工本费，应当严格执行国务院价格主管部门核定的收费标准。农机使用达到一定年限后，应遵守报废制度。

拖拉机报废具有以下情形之一的拖拉机一律禁用：在标定工况下，燃测消耗率上升幅度大于出厂标定值20%的；大型和中型拖拉机发动机有效功率或动力输出轴功率降低值大于出厂标定值15%的；小型拖拉机发动机有效功率降低值大于出厂标定值15%的。经过一定时期使用后，具有下列条件之一的拖拉机应报废；大型链轨式拖拉机使用年限超过12年（或累计作业1.5万小时）；大型和中型轮式拖拉机使用年限超过15年（或累计作业1.8万小时），小型拖拉机使用年限超过10年（或累计作业1.2万小时）；皮带传动拖拉机（手扶和小四轮拖拉机）使用年限超过8年（或累计作业1万小时），由于各种原因造成严重损坏，无法修复的；预计大修费用大于同类新机价格50%的；未达报废年限或规定的累计使用时限，但技术状况差且无配件来源的；国家明令淘汰的。

联合收割机报废具有以下情形之一的拖拉机一律禁用：配套发动机油耗超过出厂标定值20%；配套发动机功率降低值大于出厂标定值15%；作业时的损失率、含杂率分别超过出厂标定值的10%和20%；经两次年检不合格的。经过一定时期使用后，具有下列条款之一的应报废：全喂入联合收割机使用年限15年（或参加跨地区作业者使用年限8年或累计作业1.5万小时）、半喂入联合收割机使用年限20年（或参加跨地区作业者使用年限8年或累计作业2万小时），由于各种原因造成严重损坏，无法修复的；预计大修费用超过新机价格50%的；未达报废年限，但技术状况差且无配件来源的；国家明令淘汰的。

（二）畜禽规模养殖污染防治条例

近年来，我国畜禽养殖业发展迅速，已经成为农业产业最具活力的增长点，对保障消费者“菜篮子”供给、促进农民增收致富具有重要意义。但是，由于我国畜禽养殖业发展缺乏必要的引导和规划，更多地是自发地、单纯地面向市场需求自由发展，导致我国畜禽养殖业布局不合理、种养脱节，部分地区养殖总量超过环境容量，加之畜禽养殖污染防治设施普遍配套不到位，大量畜禽粪便、污水等废弃物得不到有效处理并进入循环利用环节，导致环境污染。第一次全国污染源普查数据表明，畜禽养殖业COD、总氮、总磷的排放量分别为1 268万吨、106万吨和16万吨，分别占全国总排放量的41.9%、21.7%、37.7%，分别占农业源排放量的96%、38%、65%。近年的污染源普查动态更新数据显示，畜禽养殖污染物排放量在全国污染物总排放量中的占比有所上升。可见，畜禽养殖污染物减排已不容小觑，事关国家节能减排目标的实现，事关国家生态环境质量的整体改善。

畜禽养殖业环境问题也已经成为妨碍产业本身健康发展的重要因素。粪便、尸体、废水等废弃物处置不当，将恶化生产环境，大量病原体、高浓度恶臭气体、粉尘等，都将严重危害畜禽健康，甚至导致疫病，直接威胁生产安全，导致经济损失。畜禽养殖造成的环境污染也常常引发社会问题，如由于恶臭或水污染等原因导致农村地区的民事纠纷，直接妨碍畜禽养殖经营活动。畜禽养殖业环境保护滞后，畜禽养殖废弃物资源的浪费，也直接妨碍产业综合效益的提高。农业要提升效益，就必须走综合利用的路子，走生态化、循环化的路子。畜禽养殖业要实现可持续发展、实现产业优化和升级，就必须搞好废弃物的综合利用，走种养结合、种养平衡的路子。为此，畜禽养殖业环境保护必须加强。

《畜禽规模养殖污染防治条例》（以下简称《条例》）以生态文明建设的精神为指导，引领现代农业、生态农业发展，推动产业发展走绿色农业、循环农业和低碳农业的路子，采取全过程管理的思路，对产业的布局选址、环评审批、污染防治配套设施建设等前置环节做出了规定，对废弃物的处理方式、利用途径等环节做出了规定。为推动将综合利用作为防治畜禽养殖污染的根本手段，《条例》还特设专章对综合利用的激励措施做出了规定，如对污染防治和废弃物综合利用设施建设进行补贴、对有机肥购买使用实施不低于化肥的补贴等优惠政策、鼓励利用废弃物生产沼气以及发电上网等。这些规定，贯彻落实了生态文明制度建设的要求，将从根本上对提高畜禽养殖废弃物综合利用水平、实现以环境保护促进产业优化和升级、促进实现畜禽养殖产业发展与环境保护的和谐统一提供有力的制度保障。

第二节　农场经营管理环节

一、农场生产环节管理

（一）农场生产环节管理的原则

1. 坚持市场导向原则

我国经济由于长期受计划经济体制的影响，农场管理人员对市场的认识还不够，自觉性上不去，必然在思考问题、处理问题时思路不够开阔，甚至还把自己禁锢在生产的小圈子里，其结果必然就会在农产品生产、设备更新、技术改造等一系列方面因循守旧，墨守成规，以至耽误了时机，在激烈的市场竞争中利润空间缩小。因此，农产管理人员必须从思想观念到行动上，坚定树立市场为导向的原则，要主动去面对市场，迎接市场的挑战。纵观农场生产经营中的经济增长方式，长期以来主要依靠生产要素数量的增加来实现经济增长，走的是一条粗放型的路子。其结果，资源浪费严重，投入量大，而产出并不丰厚。效益问题始终是困扰农场经营的大问题。为此，必须高度重视效益问题，要在符合市场需求的前提下，充分合理地调配和利用资源，以最低劳动消耗和资金占用，生产出尽可能多的适销对路产品。按照市场需求开发种植和养殖产品，引进、培育和推广优良品种，提高集约化水平。既要考虑国内市场，更要考虑全球市场；既要瞄准现实需求，也要考虑潜在需求。要立足多样化、优质化市场需求，重点发展市场占有率高、市场美誉度高、国内或全球市场前景广阔的优势农产品。

2. 坚持以质取胜原则

适应市场竞争日趋激烈和消费者消费水平提高的要求，大力优化农产品的品种和品质结构，提高优势农产品的内在品质，进一步提高产品的分级、包装、储藏、保险和加工水平。建立最严格的覆盖全过程的食品安全监管制度，完善法律法规和标准体系，落实地方政府属地管理和生产经营主体责任。支持标准化生产、重点产品风险监测预警、食品追溯体系建设，加大批发市场质量安全检验检测费用补助力度。开展园艺作物标准园、畜禽规模化养殖、水产健康养殖等创建活动。

在《中华人民共和国农产品质量安全法》中，规定了果树种植、蔬菜种植、水产养殖种植户的种（养）植标准，并要求种（养）植签订农业投入品安全承诺书。以蔬菜种植户为例，质量承诺书内容如下：为了确保本单位（人）组织生产销售的果品达到安全、卫生、优质的质量要求，本着对消费者负责，对自己负责的态度，现郑重承诺：①果树生产过程中，使用的农业投入品符合生产无公害食品（果品）、绿色食品（果品）的相关要求，不使用国家禁止使用的农业投入品。②按照农业部无公害食品农药使用准则、肥料使用准则的要求使用农药、肥料。特别是农药的选择和使用上严禁甲胺磷、氧化乐果等高毒、高残留农药及其他明令禁止的化学物质的使用，积极使用生物农药。③果品的包装材料、贮存、运输和装卸果品的容器包装、工具等无毒无害，符合有关的卫生要求，保持清洁，对果品无污染。④本人（单位）如不按照上述承诺操作而发生食物中毒事件，造成严重后果由本人（单位）承担一切经济与法律责任。

蔬菜种植户应坚决杜绝国家明令禁止的甲胺磷、甲基对硫磷（甲基1605）、对硫磷、久效磷、磷铵5种高毒、高残留农药及其他明令禁止的化学物质的使用，选择高效、低毒、低残留农药，严格执行农药使用安全间隔期。按照平衡施肥的原则，以有机肥为主，重施基肥，少施、早施追肥。对于一次性收货的叶菜类蔬菜，保证在收获前 20 天禁止施用化学氮肥。保证在食用菌生产中只使用已登记的 40%噻菌灵可湿性粉剂、4.3%高氟氯氰、加阿维乳油等农药，杜绝在食用菌采后保鲜中使用护色剂、荧光增白剂等违禁添加剂。

水产养殖户决不使用国家禁用药品和无公害生产禁用药品，如五氯酚钠、喹乙醇、地虫硫磷、六六六、林丹、毒杀芬、滴滴涕、甘汞，从生产源头确保农产品质量优良。

3. 坚持可持续发展原则

促进生态友好型农业发展。落实最严格的耕地保护制度、节约集约用地制度、水资源管理制度、环境保护制度。分区域规模化推进高效节水灌溉行动。大力推进机械化深松整地和秸秆还田等综合利用支持开展病虫害绿色防控和病死畜禽无害化处理。加大农业面源污染防治力度，支持高效肥和低残留农药使用。坚持发挥比较优势原则。合理利用和保护农业自然资源。要坚持农业资源的开发利用与保护节约并举的方针，把节约放在首位，提高农业资源的利用效率。按照地域农业自然资源的特点进行农业林牧资源的合理配置，发展方向各有侧重。要保护好基本农田，培育土壤地力；要通过增加复种、立体种植、带状种植等形式，提高光、热资源利用效率和土地生产力；要建立科学的灌溉制度和推广节水技术，提高水资源的利用效率，以防止和减少水土流失。

根据地域性的农业经济条件和生态环境条件，规划设计出各具特色的可持续发展农业生态系统的生产结构体系。总的原则是：兼顾经济效益和生态效益这两个中心，从资源状况和经济目标出发，在较大范围内，结合各地的气候、水利、农田、山地等自然资源的实际情况，着力搞好农业区域性开发规划，建立各具特色的农业生态经济系统。在小范围内，以建立良性农田生态系统为中心，调整种植、养殖结构。抓好生态管理。一是注意在不断提高农业经济效益的前提下，根据农业生产地域特点和农业生态系统的实际，采取相应的管理措施；二是按所采取的生态技术和农业生产技术特点，采取相应的管理措施。要摆正开发与生态建设的关系。建立由政府主导的农业风险防范机制，提高降低各类灾害对资源环境破坏的能力。要通过工程和非工程措施，减轻灾害造成的损失。与此同时，要大力加强农业生态环境建设保护法律法规的宣传教育，增强农村广大群众特别是各级领导干部的可持续发展意识和环境保护意识，同时，加大农业生态环境执法保护力度。

（二）农场经营生产的可追溯体系和农产品认证

农业部启动了“农垦农产品质量追溯系统建设项目”，运用信息化手段，对农产品物流、质量安全实行全程、动态、开放式管理，实现农产品生产全过程可监控，产品流向可追踪、产品质量信息可查询、不合格产品可召回的从市场到田间的全程质量监控体系。

农产品质量安全问题直接关系到百姓的身体健康，对中国现代农业的发展、农民增收具有重大影响。业部通过推进农业标准化，逐步规范农业生产行为，从农业投入品、农产品生产、市场准入 3 个关键环节加强管理，取得了较好的成效，农产品质量安全水平有了大幅提高。但由于我国农业生产分散、农产品流通环节复杂、市场准入机制不健全，农产品质量安全隐患依然存在，农药、兽药残留的现象仍无法杜绝。近几年的实践证明，解决农产品质量安全问题，需要从源头开始抓起、严格监管，建立一套质量追踪、追查、追溯的机制和制度，才能保证农产品质量安全。农产品质量追溯体系是应用现代信息技术和管理理念，通过对农产品全过程质量安全信息的管理，建立各环节质量管理责任体系，从而规范生产经营者行为，使农业生产从几千年以来粗放型管理、广种薄收、质量不高的生产模式，逐步向集约化、精细化管理、注重产品品质、保证消费安全转变，实现产品生产全过程可监控、产品流向可追踪、产品质量信息可查询、不合格产品可召回，建立从市场到田间的全程质量监控体系，农产品生产全过程的质量状况和各环节的责任主体直接接受社会和消费者的监督。全面构建农产品质量追溯体系，将是解决当前农产品质量安全问题、消费者对食品生产者、政府管理者的诚信危机问题的最有效的手段，是突破农产品出口技术贸易壁垒的迫切需要。

二、农场管理环节的要点分析

农业比较优势的形成是多种因素共同作用的结果。农业是一个具有自然属性的产业，自然资源禀赋是一个农场比较优势的基础条件。不同国家、不同地区劳动力资源状况的不同，导致产出效率及效益水平也不尽相同。在 WTO 条件下，不能只看到我国农场劳动力资源数量上的优势，单纯依靠劳动密集型产品参与国际竞争，应该从长期发展的角度出发，通过内生性比较优势提高产业竞争力。

经营管理的主要内容合理地组织生产力，使供、产、销各个环节相互衔接，密切配合，人、财、物各种要素合理结合，充分利用，以尽量少的活劳动消耗和物质消耗，生产出更多的符合社会需要的产品。

在生产前，合理确定适合农场发展的经营形式和管理体制，设置管理机构，配备管理人员；搞好市场调查，掌握经济信息，进行经营预测和经营决策，确定经营方针、经营目标和生产结构；编制经营计划，签订经济合同；建立、健全经济责任制和各种管理制度；搞好劳动力资源的利用和管理，做好思想政治工作；加强土地与其他自然资源的开发、利用和管理；搞好机器设备管理、物资管理、生产管理、技术管理和质量管理；合理组织产品销售，搞好销售管理；加强财务管理和成本管理，处理好收益和利润的分配；全面分析评价生产经营的经济效益，开展经营诊断等。

经营是对外的，追求从外部获取资源和建立影响；管理是对内的，强调对内部资源的整合和建立秩序。经营追求的是效益，要开源，要赚钱；管理追求的是效率，要节流，要控制成本。经营是扩张性的，要积极进取，抓住机会，胆子要大；管理是收敛性的，要谨慎稳妥，要评估和控制风险。

经营与管理是密不可分的。经营与管理，必须共生共存，在相互矛盾中寻求相互统一：光明中必定有阴影，而阴影中必定有光明；经营与管理也相互依赖，密不可分。忽视管理的经营是不能长久、不能持续的。

三、农场流通环节管理

经营是选择对的事情做，管理是把事情做对。所以经营是指涉及市场、顾客、行业、环境、投资的问题，而管理是指涉及制度、人才、激励的问题。简单地说，经营关乎企业生存和盈亏，管理关乎效率和成本。这就是两者的区别。

（一）批发环节

批发是农产品大批量在流通中转移的流通环节，这一环节主要由生产推销部门、商业批发农场、代理商、经纪人、贸易货栈、农副产品批发市场所构成。批发环节介于流通渠道的始端和中间部位，其社会功能在于把分散在各地的生产农场的产品输入流通过程中，并完成商品在流通过程中间阶段移动的任务。因此，商业批发农场是生产过程和流通过程的衔接纽带，是社会产品进入流通的第一阀门。同时，由批发关口进入的商品，决定商品流通输出的程度与速度，进而决定整个商品流通的效率。商品在流通过程的运动，有可能经过多次批发环节，把商品送到更远的地点，如我国的一级站、二级站和三级批发农场。目前，积极拓宽地菜产销渠道，密切了地产蔬菜基地和种植大户、蔬菜经纪人的沟通联系，鼓励和帮助地菜进入市场参与批发经营。

（二）零售环节

是直接向消费者提供农产品及服务的环节，包括生产农场所设的门市部、商业零售农场、个体商贩、各部门所设的小卖部、服务社等。零售环节位于商品流通终端，是流通过程与消费领域的结合点，也是商品流通的最后关口。当商品经过零售送达消费者手中，商品运动也就最后终止。目前，我国农产品的零售环节普遍存在“最后一公里”现象。只有通过强化管理，保证区域内通道的畅通。同时，对经营场地进行整合，扩大地产蔬菜的经营交易场地。在四川省成都市通过设立地菜种植大户经营窗口，以协议形式邀请规模生产大户和种植基地，设立批发交易经营窗口。在江苏省苏州市，对凡持有村委会、农场提供的地菜生产上市证明的规模种植大户，优先提供经营场地、免收进场停车费、义务提供磅秤服务，同时，实行交易服务费减半收取的优惠办法。市场为扩大地产菜批发销路，帮助菜农组织调剂青菜、韭菜、水芹等地产蔬菜向江苏江阴、浙江嘉兴等地进行运销。进一步加强与地菜基地和大户的沟通联系。

（三）仓储环节

农产品在流通过程中的停留，形成农产品储存。我国农产品仓储基础设施建设薄弱，应加大基础设施建设，建立完善的冷链物流体系。农产品仓储物流主体功能不明确，市场竞争力差，农产品流通的组织程度不高。合理地组织农产品储存，保证储存量和储存结构合理化，对于保证农产品流通顺利地进行，缩短流通时间，加速资金周转，提高农产品加工水平，降低流通费用，具有重要作用。

对于农产品冷链物流的发展，我国冷链物流基础设施相对落后，冷库建设供不应求，全国冷库容量只有 900 万吨左右，与美国 2 200 万吨相比差距甚大。此外，各类冷库的结构比例不平衡，大型生产性冷库比较多，小型零售冷库比较少，肉类冷库比蔬果冷库多。我国冷冻产品损坏率达 20%~30%，每年水果及蔬菜腐烂数量分别约为 1 200 万吨及 1. 3 亿吨。在欧美发达国家，超过 80%的易腐食品已采用冷藏运输，损坏率不足 5%。由于全程冷链物流的技术要求高，需要投入的资金相当多，国内中小型的第三方冷链物流企业较难为大型食品企业提供覆盖全国的物流服务。《农产品冷链物流发展规划》中强调，加快培育第三方冷链物流企业，加强冷链物流基础设施建设，建成一批高效益、规模化、现代化的跨区域冷链物流配送中心。

四、农场管理服务环节

现代农场在经营过程中，不能重生产轻服务。农业现代化的实践表明，生产的专业化与服务的社会化相辅相成，是一对共生关系。如果缺乏社会化服务的支撑，农场还延续全过程封闭式自我服务的传统发展路径，就没有精力和能力扩大经营规模。即使是扩大了规模，也只能是粗放型经营，专业化生产难以深入、有效开展。因此，发展现代化农场需要有相应的社会化服务基础设计建设。从整体上来看，农场经营服务内容有着丰富的内涵，至少包含以下几个方面的内容。

（1）良种服务。为农场生产提供粮食、畜禽、水产、苗木等优质种子种苗。农场在进行良种选择过程时，一定选择农作物品种审定委员会审（认）定的品种，以水稻为例，通过农作物品种审定委员会审（认）定的水稻均包括该品种的审定编号、名称、培育单位、审定情况、特征特性、产量表现、适宜地区、栽培技术要点等。

（2）农资服务。为农场生产提供化肥、农药等农业生产物资服务。

（3）农技服务。发展以农业科研院所、农业企业、农业专业性服务组织为主要内容的新型农技服务体系，为农场提供高效适用种养模式和技术咨询。

（4）培训服务。培育新型农业人才，走科技创收道路。

（5）信息服务。及时掌握政府的各项农业政策、农产品市场行情及先进高效种养技术等急需的信息服务。

（6）休闲服务。满足城镇居民久居城市、体验农耕文化的需求，创造农场增收新的经济增长点。

（7）金融服务。对农产种养产品实施政策性及商业性保险，减轻灾害造成的经济损失，增强应对各种灾害的能力。

基础国情决定我国的服务业发展还处在起步阶段，与农业发达国家现代化农场相比，服务环节还存在很多不足。

第三节　农场产业化经营管理

一、农场产业化经营的内涵

（一）农场产业化的概念

农场产业化是指以国内外市场需求为导向，以提高农业比较效益为中心，按照市场牵龙头、龙头牵基地、基地连农户的形式，优化组合各种生产要素，对区域性主导产业实行专业化生产、系列化加工、农场化管理、一体化经营、社会化服务，逐步形成种养加、产供销、农工商、经教科一体化的生产经营体系，使农业走上自我积累、自我发展、自我调节的良性发展轨道，不断提高农业现代化水平的过程。

就农场产业化内涵来讲，至少包括 3 个要件。

（1）支柱产业是农场产业化的基础。

（2）骨干产业是农场产业化发展的关键。

（3）商品基地是农场产业化的依托。

（二）农场产业化经营的概念

农场产业化经营也叫产业一体化经营，它是建立在农业产业劳动分工高度发达基础上的、更高层社会协作的经营方式。具体地说，它是以市场为导向，以农户经营为基础，以“龙头”农场为主导，以系列化服务为手段，通过实行产供销、种养加、农工贸一体化经营，将农业再生产过程的产前、产中、产后诸环节联结为一个完整的产业系统。它是引导分散农户的小生产进入社会化大生产的一种组织形式，是多元参与主体自愿结成的利益共同体，也是市场农业的基本经营方式。农场产业化经营与一般农业（农场化）经营的主要区别在于：前者是由农业产业链条各个环节上多元经营主体参加的、以共同利益为纽带的一体化经营实体，在农场产业化经营组织内部，农民与其他参与主体一样，地位平等，共同分享着与加工、销售环节大致相同的平均利润；而后者的经营范围只限于农业产业链中某一环节。

（三）农场产业化经营的特征

1. 生产专业化

专业化生产是农业生产高度社会化的主要标志。按市场需求和社会化分工，以开发、生产和经营市场消费的终端农产品为目的，实行产前、产中、产后诸环节相联接的专业化生产经营。专业化生产表现的具体形式，如区域经济专业化、农产品商品生产基地专业化、部门（行业）专业化、生产工艺专业化等。

2. 布局区域化

产业化按照区域比较优势原则，突破行政区划的界限，确定区域主导产业和优势产品，通过调整农产品结构，安排商品生产基地布局，实行连片开发，形成有特色的作物带（区）和动物饲养带（区）。将一家一户的分散种养，联合成千家万户的规模经营，形成了区域生产的规模化，以充分发挥区域资源比较优势，实现资源的优化配置。

3. 经营一体化

以市场需求为导向，选择并围绕某一主导产业或主导产品，按产业链进行开发，将农业的产前、产中、产后各个环节有机结合起来，实现贸工农、产加销一体化，使外部经营内部化，从而降低交易成本，提高农业的比较收益。

4. 服务社会化

通过合同（契约）形式对参与产业链的农户或其他经济主

体提供生产资料、资金、信息、科技，以及加工、储运、销售等诸环节的全程系列化服务，实现资源共享，优势互补，联动发展。

（四）农场产业化经营的模式

从经营内容、参与主体和一体化程度上看，农场产业化经营模式，根据龙头农场和所带动的参与者的不同，具体可分5种类型。

1. “龙头”农场带动型：公司+基地+农户

它是以公司或集团农场为主导，以农产品加工、运销农场为龙头，重点围绕一种或几种产品的生产、销售，与生产基地和农户实行有机的联合，进行一体化经营，形成“风险共担、利益共享”的利益共同体。这种类型特别适合在资金或技术密集、市场风险大、专业化程度高的生产领域内发展。

2. 合作经济组织带动型：专业合作社或专业协会+农户

它是由农民自办或政府引导兴办的各种专业合作社、专业技术协会，以组织产前、产中、产后诸环节的服务为纽带，联系广大农户，而形成种养加、产供销一体化的利益共同体。这种组织具有明显的群众性、专业性、互利性和自助性等特点，实行民办、民管、民受益三原则，成为农场产业化经营的一种重要类型。

3. 中介组织带动型：“农产联”+农场+农户

这是一种松散协调型的行业协会组织模式。即以各种中介组织（包括农业专业合作社、供销社、技术协会、销售协会等合作或协作性组织）为纽带，组织产前、产中、产后全方位服务，使众多分散的小规模生产经营者联合起来，形成统一的、较大规模的经营群体。这种模式的中介组织——行业协会，如山东省农产品加工销售联席协会——简称“农产联”，在功能上近似于“欧佩克”组织。其作用就是沟通信息、协调关系和合作开发国内外市场。

4. 主导产业带动型：主导产业+农户

从利用当地资源优势、培育特色产业入手，发展一乡一业、一村一品，逐步扩大经营规模，提高产品档次，组织产业群，延伸产业链，形成区域性主导产业，以其连带效应带动区域经济发展。如江苏射阳洋马的中药材产业。

5. 市场带动型：专业市场+农户

这里指以专业市场或专业交易中心为依托，拓宽商品流通渠道，带动区域专业化生产，实行产加销一体化经营。该模式的特点：通过专业市场与生产基地或农户直接沟通，以合同形式或联合形式，将农户纳入市场体系，从而做到一个市场带动一个支柱产业，一个支柱产业带动千家万户，形成一个专业化区域经济发展带。如山东省寿光县“以蔬菜批发市场为龙头带动蔬菜生产基地的一体化经营模式”是这种类型的典型代表。

以上类型的划分是相对的，它们在不同程度上，促进了农业各生产要素的优化组合、产业结构的合理调整、城乡之间的优势互补和系统内部的利益平衡。农场产业化经营是一场真正意义上的农村产业革命，从根本上打破了我国长期实行的城乡二元经济结构模式，构建起崭新的现代农村社会经济结构模式，弱化乃至消除了城乡间的结构性差别，真正做到城乡间、工农间的平等交换，是我国市场农业发展的必由之路。

二、农场产业化经营运行机制

农场产业化经营组织的运行机制，是指组成农场产业化组织系统的各构成要素之间相互联系、相互制约，共同推进农场产业化经营运转的条件和功能。它包括风险规避机制、利益协调机制和营运约束机制等。

（一）风险规避机制

风险规避机制是农场产业化经营组织就如何抵御自然风险、市场风险等问题，在各利益主体意见协调一致的基础上，事先达成的解决问题的程序安排和措施体系。对于自然风险，农场产业化组织中的各利益主体应根据组织契约，按规定分担因自然灾害因素导致的经营损失。对于市场风险，农场产业化组织中的各利益主体在遵守契约的基础上还应坚守信用原则，各利益主体间的合作应着眼于长远利，而不作短视考虑。缺乏信用的合作，纵然有再完备的契约，也将是无效率的。

（二）利益协调机制

利益协调机制是农场产业化经营组织运行的根本保障，是反映农业产业一体化程度的重要标志，在整个产业化运行中处于关键地位。该机制的核心是利益机制也称利益分配机制。

1. 利益机制的类型

（1）资产整合型。主要表现在一些农场集团或农场，即龙头农场以股份合作制或股份制的形式，与农户结成利益共同体。农民以资金、土地、设备、技术等要素入股，在龙头农场中拥有股份，并参与经营管理和监督。在双方签订的合同中，明确规定农民应提供农产品的数量、质量、价格等条款，农民按股分红。这种机制，一方面使农场与农民组合成新的市场主体，农民以股东身份分享农场的部分利润；另一方面农场资产得以重新组合，提高了农场的资产整合效率；同时，对双方都有严格的经济约束，主要是合同（契约）约束和市场约束。

（2）利润返还型。“龙头”经营组织和农户之间签有合同，确定农户提供农产品的数量、质量和收购价格，以及“龙头”经营组织应按合同价格和返利标准，把加工、营销环节上的一部分利润返还给农户。有的“龙头”组织还注意扶持基地、反哺农业。

（3）合作经营型。其组织形式有以下几种。

①由农户之间按某种专业需要自愿组织的联合体；②由不同地区、不同部门、不同所有制单位同农户从多方面组成的专业化服务公司；③由国营或集体商业、供销、资金、技术、信

息等专业性服务与农户结成的利益共同体。

（4）中介服务型。农场通过中介组织，在某一产品的经济再生产合作过程的各个环节上，实行跨区域联合经营，生产要素大跨度优化组合，实行生产、加工、销售相联结的一体化经营。这些中介组织有的是行业协会，有的是科技、信息、流通某一方面专业性较强的服务组织。这类中介服务组织与农户作为各自独立的经营者和利益主体，按照市场交换的原则发生经济联系，并以合同契约确定权、责、利关系。中介组织通过各种低价和无偿服务为农户提供产前、产中、产后的服务，如提供种子、种苗、防疫、储藏、运输、技术、信息等服务；还有的在协调关系、合作开发等方面发挥主动作用。

（5）价格保护型。在一体化经营中，龙头农场以保护价收购农户的产品，并以此与农户建立稳定的合同关系。保护价格按市场平均价格标准合理制定，当市场价低于保护价时，农场按合同规定以保护价收购农产品；有时农场提高收购价收购农产品，以保护原料生产者的利益，在农场可承受的范围内，通过这种方式让利于农民。这种机制，一方面解决了农产品“卖难”的问题，另一方面又为农场建立了可靠的基地。

（6）市场交易型。即农场通过纯粹的市场活动对农产品进行收购，与农户不签订合同，而是自由买卖，价格随行就市。这主要是解决了农户的“卖难”问题，对农业生产起到促进作用。另外，通过市场跨区域实现的产销关系，往往比农场与当地农户直接联系的交易费用低，购销有保障，能保持长期稳定，更利于同农户结成利益共同体，大幅度提高交易量。

2. 利益机制的构建原则

（1）产权清晰原则。市场交易，实质上是一种产权交易行为。产权以其法定的收益为经济主体提供行为激励，又以其合法权益的界限提供行为的约束和规范。

（2）农户主体地位原则。家庭承包制创新，确立了农场经营的主体地位，2. 4 亿农户成了我国农业发展的微观组织基础。

而农场产业化经营的利益机制形成，一开始就是以农户作为生产经营主体的。“龙头”组织和农户结成的经济共同体，实质是扩大了的农民主体，是众多农户利益结合的体现。

(3) 风险共担、利益均沾原则。农场产业化把农业与其相关联产业经营主体的利益联系在一起，实行风险共担、利益均沾、共生共长这一利益机制，把大量的市场交易整合到一体化组织中，推动农业与其关联产业在更高层次上的分工协作和共同发展，给各参与主体带来利益的更快增长。合理的利益机制，要求“龙头”经营组织与农户建立一种互惠互利的、权利与义务对称的利益关系。风险分担是参与者的责任，利益均沾是经营者的正当权益。

(4) 市场导向原则。实践证明，只有市场经济体制才能为农场产业化提供广阔的制度选择空间，促使其在市场组织制度结构中的合理定位。相对而言，市场具有较强的资源配置功能、激励约束功能和组织制度定位功能，特别是市场机制公平、公正、公开的内在属性促进人们有效竞争与合作。只有以市场为导向的利益机制，才能有效地推动农场生产经营活动的顺利进行，实现利润最大化。

3. 利益分配的方式

(1) 以合同为纽带的利益分配方式。常见的以合同为纽带的利益分配方式有以下 3 种。

①合同保证价格。合同保证价格是农场产业化经营组织内部的非市场价格，一般按“预测成本+最低利润”求得。合同保证价格比市场价格相对稳定，对提供初级产品的农户来说能起到保护性利益分配的作用。②合同保护价格。合同保护价格由“完全成本+合理利润”构成，是龙头农场与农户相互协商，按一定标准核定的对农户具有较强保护功能的最低基准收购价格。合同中规定，当市场价高于保护价时，按市场价收购产品；当市场价低于保护价时，按保护价收购产品。③按交易额返还利润。这是合作社经济组织的利益分配机制。一般指龙头农场或中介组织按照

参与主体交售产品的数额，将部分利润返还给签约基地和农户。

（2）以生产要素契约为纽带的利益分配方式。常见的以生产要素契约为纽带的利益分配方式有以下 4 种。

①租赁方式。农场（或开发集团）与农户之间签订租赁土地、水面等生产资料合同，在租期内农场向租让生产资料农户支付租金。②补偿贸易。即由农场向生产基地或农户提供生产建设资金，基地或农户提供生产资料和劳动力，并将所生产的农副产品按市场价或协议价，直接供应给投资农场，以产品货款抵偿农场的投入资金，直到投入资金全部抵付完毕，联合协议终止。③股份合作。股份合作是以资金、技术、劳动等生产要素，共同入股为纽带的一种利益分配方式。它较好地体现了按要素分配的原则，组合成新的生产力，在开发性农场产业化经营项目和多边联合的情况下较为适用。④内部价加二次分配。指在农业综合性经营农场中，农场先以内部价格对提供初级产品单位进行第一次结算；然后在产品加工销售后，再将所得的净利润按一定比例在农场各环节进行第二次分配。二次分配可起到调节农、工、贸各环节利润水平的杠杆作用，以形成各环节间的平均利润率。

（三）运营约束机制

运营约束机制是指通过一定的方式对各个经济主体行为进行规范，以提高产业组织的整体功能、效率功能和抗风险功能。农场产业化必须以国家相关的法律、参与者之间的合同和契约来规定各自的权利与义务，约束各方的行为，强调法律法规的硬约束，同时，要充分发挥集体经济“统”的功能，重视传统的乡规民约等非正式制度因素，协调多方利益，约束各方的行为。

第四节　农场生产经营的品牌加工

一、农产品加工

国际上通常将农产品加工业划分为 5 类，即食品、饮料和烟草加工；纺织，服装和皮革工业；木材和木材产品（包括家具制造）；纸张和纸产品加工；橡胶产品加工。我国在统计上与农产品加工业相关的有12个行业，即食品加工、食品制造业、饮料制造业、烟草加工业、纺织业、服装及其他纤维（包括麻类）制品制造业、皮革毛皮羽绒及其制品、木材加工及竹藤棕草制品业、家具制造业、造纸及纸制品业和印刷业和橡胶制品业。

发展农产品加工业也是一个涉及多部门、多行业而复杂的系统工程，除农业部门外，农产品加工业大多集中于食品、轻工、化工、纺织、医药等行业部门，产品繁杂。随着科学的发展和技术的进步，农产品加工业逐渐涉及和应用的技术属多学科、多专业、高新技术和综合技术。

农产品加工是指通过对农产品进行一定的工程技术处理，使其改变外观形态或内在属性、品质风味，从而达到延长保质期、提高产品品质和增加产品价值的过程。如速冻、脱水、腌制、分割、包装和配送等，拉长农产品营销时间、提高农产品附加值；农产品加工业是以农产物料为原料进行加工的一个产业或行业，在整个加工业中占有举足轻重的位置。

农场的发展过程中，开始时一般都是从种植业和养殖业入手。这类农场大多数是初加工产品，附加值不高，而往往又受市场销售不畅的约束，容易产生同质化竞争。因此，需要利用特色化经营和差异化战略，如此的农场将有更多发展机会。在此过程中，农场可以继续深加工，参与销售等经营环节，提高农业综合效益，不断延伸产业链获得更高的收益，发挥农场的积极性。

在农场的提升阶段，需要建立“农场品牌”。而要建立品牌价值，必须要对农产品品牌进行深加工。品牌农产品只有形成种养+产供销，服务网络为一体的专业化生产经营系列，做到每一个环节的专业化与产业化相结合，经过精加工、深加工，变成最终产品，以商品品牌的形式进入市场，才能实现最大的市场价值。

农场在成立初期，主要生产大宗农产品，即使有一些加工，大多属初（粗）加工技术相对较简单，设备单一，一般只是使农产品发生量的变化而不发生质的变化。如米、面、油的加工等，其加工链较短，增值效率较低，各种资源未能得到充分利用。而相对于初加工的精深加工，大多在一次加工的基础上进行二次或多次加工，主要是指对蛋白质资源、纤维资源、油脂资源、新营养资源及活性成分的提取和利用。投入的设备、技术、资金都较多，产值也随之有大的增值。

二、农场农产品加工的方向

农场进行农产品加工，可以从以下几个方面考虑。

第一，农产品由初加工向深加工发展，以成品或半成品的形式进入消费市场，减少原材料浪费，以多样化产品满足人们的生活需要。

第二，重视农产品中营养成分的分离、重组、提纯技术，发展适于不同消费对象、不同层次的功能食品。如某些农产品经过深加工或掺入其他成分成为营养丰富的食品，也可经过提炼、浓缩等工艺成为专项营养食品。

第三，综合利用开发农副产品的非食用部分，提高食用价值。最大程度减少农副产品损失浪费，也为农场的高效、增产提供有效途径。

第四，制作成可直接烹调的食品。随着人们生活节奏的加快，生活水平的提高和经济收入增加，城市中的消费者无暇进行手工炊事劳动，要求食品、净菜规格化，如将农、渔、畜产品等加工成可直接烹调的速冻、冷藏食品。

第五，机械化、自动化、高效化。在加工、包装、干燥、贮藏中，可以采用新材料、新设备，从而提高劳动生产率与产品质量。同时，推广应用物理、化学、生物工程等技术，加速生产过程科技化。

第五节　农场经营结构的“三化”

一、农场特色化

农场的健康发展应该是共性与个性的结合，应在共性的前提下追求规范的管理，在个性的基础上打造鲜明的特色。在这种理念下，农场的经营范围不应该局限于传统农业行业范畴，应该允许其在农产品加工、市场咨询、科技服务、观光农业等更广阔的领域拓展，促使我国的农场经营呈现“百花齐放，百家争鸣”的局面。如果能够体现出自身的特色并且能够经营成功，就可以认为是成功的农场。

例如，有的农场可以生产规模化、高品质的粮食的大宗农产品，那么就可以定位于粮食生产型农场。在城市周边的农场可以与城市消费者或者团体建立销售合同、周末农场、自助农场等方式的“农消对接”。可以借鉴日本协会中的“提携”系统，销售渠道不依赖传统市场，建立消费者与生产者直接对话与接触的分销系统，消费者与生产者建立合作伙伴关系。“提携”系统的方针主要有：在生态学原理的基础上发展自给自足农业；消费者在有机农业生产者生产过程中适当协助生产者，体验农业生产乐趣；简单包装以及节约挑选农产品的时间；自行分销，生产者和消费者之间的信息要对称；改变饮食习惯，摒弃反季节农产品，食用时令农产品；生产者与消费者直接协商，达成协议价格。具有山水特点、人文景观和乡土风情的农场可以利用农业生产特有过程进行多业并举，可以用来开办“农家乐”，发展“休闲农业”等。

拿北京密云周末农场而言，就非常具有中心城市周边农场的特色。这个农场是居住在城市的白领阶层来到农村租用农民的耕地，在田地里面种植自己喜欢的蔬菜，这些蔬菜平时主要由农民照顾，白领阶层可以根据自己的时间安排去自己的田里浇水、施肥、收获成果。白领走进农场（White collar Walk into Garden，WWG）像是一种物物交换的关系，在季节之初城市农夫支付了一笔费用来支持一个本地的农民，来年可以获得免费、健康的蔬菜。周末农场耕种模式为会员自种、农民代种、农民和会员一同维护蔬菜成长、会员收获果实的模式，农场本着以会员轻松劳动、快乐收获、享受成果的方针运营。周末农场为会员提供种子、种苗、水源、农具、技术服务、餐具、急救用品等，该特色农场获得很好的经营效果。

二、农场多样化

从当前我国农场的经营结构来看，大部分以传统的种植业为主，主要是种植谷物、水果、蔬菜等作物，有小部分开展粮食作物和果蔬类套种，还有少量的动物饲养与水产养殖。其实由于农场的土地规模较大，而且经营权自主，完全有条件形成多样化、特色化和生态化的经营模式。

就城市近郊的农场而言，就可以发展成至少 4 种模式。

（1）休闲型果园。将有机水果的生产和观光、旅游、休闲集于一体，生产者获得销售有机水果的经济收入以及发展有机水果旅游产业的经济回报，消费者获得了新鲜、安全的有机水果的同时，也享受到了田园生活。

（2）生态科技观光农业园区。增加了游客对有机农业的高新技术以及高新农业设施的了解增加游客的有机农业知识，提高游客对有机农业的认知。

（3）草原有机休闲养殖基地。使游客品尝纯野生养殖的美味，置身于纯自然风光之中。

（4）“有机农业+农家寄宿”模式。综合利用生态模式，生产多样化有机农产品，发展农家寄宿，使游客完全体验农家生活。

三、农场生态化

生态农业模式是一种在农业生产实践中形成的兼顾农业的经济效益、社会效益和生态效益，结构和功能优化了的农业生态系统。农业部向全国征集到了 370 种生态农业模式或技术体系，通过专家反复研讨，遴选出经过一定实践运行检验、具有代表性的十大类型生态模式，并正式将这十大类型生态模式作为今后一个时期农业部的重点任务加以推广。这十大典型模式和配套技术如下。

(1) 北方“四位一体”生态模式及配套技术。

(2) 南方“猪—沼—果”生态模式及配套技术。

(3) 平原农林牧复合生态模式及配套技术。

(4) 草地生态恢复与持续利用生态模式及配套技术。

(5) 生态种植模式及配套技术。

(6) 生态畜牧业生产模式及配套技术。

(7) 生态渔业模式及配套技术。

(8) 丘陵山区小流域综合治理模式及配套技术。

(9) 设施生态农业模式及配套技术。

(10) 观光生态农业模式及配套技术。

农场完全可以在农业生产中发挥综合效益，例如，可以利用自然中的生态循环理论开展农业生产，可以用谷物秸秆和农业生产废料来制造沼气，用来照明、取暖、供应燃气，利用牲畜粪便作为有机肥料，提高土壤肥力等。

第六节　重视农场的核心价值

农场从制度属性上较接近于农业企业。因为相对于普通农户，农场更加注重农业标准化生产、经营和管理，重视农产品认证和品牌营销理念。在市场化条件下，为了降低风险和提高农产品的市场竞争力，农场更注重搜集市场供求信息，采用新技术和新设备，提升生产高附加值农产品。

一、农场的核心价值

这里所说的“核心价值”，主要指农场在市场上的价值以及农业发展中的特殊地位。农场的主要意义在于进行农业生产的主体大多是农民（或其他长期从事农业生产的人），因此，农场承载着农业现代化进程的重任，并在其中扮演重要角色，同时也要保证在农场中从事生产劳动的农民致富。

分散的小规模农户，在市场中因其常常没有长期经营的品牌和资产，更容易出现“机会主义”。例如，他们为了节约生产成本，增加农产品的产量，在生产过程中有可能会使用一些剧毒高残留的农药和化肥，而导致食品安全问题；在农产品进行售卖的过程中，可能出现以次充好、包装上缺斤短两等诸如此类的道德风险，而且在与一些农业销售公司或者龙头企业签订合同时，有可能做出了承诺，实际上却不好好履行合同；享受了合同公司的种子、化肥、农药供应等优惠措施以后，在签订协议后却并不尽心尽力地搞好栽培技术和田间管理。

二、建立农场核心价值的方式

（一）商品化、标准化生产

小规模农户的生产及经营规模小、专业化、商品化、标准化水平低，是典型的自给自足的生产经营组织，充其量也只是小商品生产者。其生产经营的目的主要是为了自给自足，而不是为了商品交换。可以说是适应于自然经济要求的个体生产者，很难适应现代市场经济的要求，更谈不上在市场经济条件下拥有市场竞争力。

农场随着市场经济的发展而发展，因而是市场经济发展的产物并以市场经济体制为环境条件，以追求利润最大化为目标，同小规模农户生产经营的目的恰好相反，不是为了自给自足，而是为了商品出售。它不仅是名副其实的农产品生产者，更是名副其实的农产品经营者，属于适应于市场经济要求的现代企业组织范畴，尤其是大规模农场，其现代企业特性更加明显。因此，农场不但要扩大生产经营规模，而且要按照较高的专业化、规模化、标准化水平生产。

同时，在商品化生产的基础上，农场要追求现代生产要素融入农场的经营。小规模农户基本上以家庭成员为劳动者，只使用短期的、少量的、偶尔的雇工，且大都没有诸如合同等的契约关系。其生产经营规模一般较小，对传统生产要素如劳动力、资金、土地使用上趋于凝固化。农场在利润最大化的驱动下，对于新技术、新产品、新管理等外界信息反应比较敏感，会不断追求生产要素的优化配置和更新，并以现代机械设备、先进技术、现代经营管理方式等具有规模特性的现代生产要素引入为手段来不断扩大生产经营规模，提高市场竞争力。

（二）找到各自农场的市场定位

每一家农场都有自己的特色，但并非所有的特色都可以成为农场的定位，进而成为利润的来源。

作为农场主，必须决定在什么地方能够创造出差异点，并且这种差异点可以被消费者认识到并且愿意购买它。有的农场采取了传统的生产方式让城里人感觉“返璞归真”，回归真正的田园生活；有的农场采取了现代化的生产设施而让消费者感受到安全、标准化的“现代农业”；也有的农场定位在专一而大规模的农作物生产，用价格和质量征服市场；有的农场采取了多元生产结构用来“东方不亮西方亮”，规避农业风险。只要定位准确，并且有足量的消费者为其买单，这样的定位就是好的。也可以说，农场主找到了农场真正的市场价值。

找到市场定位后，就要设计出一系列的措施并实现其定位。实施这些策略时，要注意尽力去迎合目标消费者的心理认知。消费者的心理活动是复杂而多变的，所以要仔细揣摩消费者的购买和使用心理，品牌管理，在某种程度上就是管理消费者的心理感受。例如，一家割草机公司声称，其产品“动力很大”，故意采取了一款噪声很大的发动机，原因是消费者总以为声音大的割草机动力强劲；一家拖拉机制造商给自己生产的拖拉机的底盘也涂上油漆，这并非必要，原因是消费者会认为这样说明厂商对质量要求精益求精；有的农场生产绿色产品，就采取了环保并可回收利用的包装材料，让消费者感受到农场所呈现出的环保理念是全方位的。

（三）农场要进行品牌化经营

长期以来，我国农民普遍存在“重种植，轻市场”的思想，品牌意识不强。虽然有质量好、品种优的农副产品，但由于市场知名度和竞争力低，或是“养在深闺无人识”，或卖不出好价，或是“增产不增收”，导致经济效益不佳，也挫伤了农民的积极性。如今，随着农场的建立，农场主们无疑要取得市场的认可，农产品市场的出路到底在哪里？质量当然是第一，但是在同等质量的基础上，建立市场品牌是非常必要的。

俗话说：“好酒也要勤吆喝”。只有建立了品牌，有了名称和标识，才能让消费者在万千产品中识别出来，从而制造精品农产品，增加农产品的附加价值及农民的收入。著名品牌策略大师艾·里斯说：“实际上被灌输到顾客心目中的根本不是产品，而只是产品名称，它成了潜在顾客亲近产品的挂钩”。

在激烈的市场竞争中，任何产品都需要注重品牌效应，农副产品也不例外。农场注册了商标，并非意味着开始了品牌化经营。未来的营销是品牌的战争——品牌互争长短的竞争。拥有市场将会比拥有工厂更重要，拥有市场的唯一办法是占市场主导地位的品牌。但是，现在好多农产品的问题在于，农产品生产主要根本没有什么质量和技术要求，只注意蔬菜、水果等产品的新鲜度，很少去对品牌有特殊的注意。不少人认为，只有进入工厂经过生产工艺加工后的产品才是真正的“商品”，而在田间地头的产品就没有那么多的要求，如果谁买个豆角还要看品牌就会成为人们嘲笑或议论的话题。还有很多生产者对于如何提高产品品质根本无严格意义上的实质性举措。生产方式仍然沿袭以往的散户经营，化肥、农药的使用仍无标准可言，产品上市也没有什么包装。这类品牌且不说是否符合健康环保标准，单从外表就让人无法识别，只能凭商贩口里的大声吆喝，不要说走出国门赚取外汇，就是在国内，这类产品的市场前景也让人担忧。

第七节　建立农场的农业文化

农业文化是在农业生产实践活动中所创造出来的、与农业有关的物质文化和精神文化的总和。我们中国几千年的农业文明，以及在此基础上形成的一整套农业文化体系，是中华文明史的重要组成部分。

一、农业文化的内涵

（一）农业习俗的存续

春种、夏锄、秋收、冬藏以及二十四节气不仅是岁月交替农业生产的节奏，而且是农耕文化的周期。在传统农业社会，乡村的土地制度、水利制度、集镇制度、祭祀制度，都是依据这一周期创立、并为民众自觉遵循的生活模式。民间素有“不懂二十四节气，白把种子种下地”的说法。北方农村的“打春阳气转，雨水沿河边”“清明忙种麦，谷雨种大田”“清明麻，谷雨花，立夏点豆种芝麻”等，就是“顺应天地”的形象表达。这些至今仍广为流传的农谚俗语、具有鲜明的地域特点和乡土本色的农业信仰和仪式、大家所熟知的春节、中秋节、端午节等民俗饮食也是农业民俗文化的重要内容。

（二）农业文化的实体呈现

我国的农业文化的实体内容十分丰富，既包括农作物品种、农业生产工具，也包括农业文学艺术作品、农业自然生态景观等一切与农业生产相关的物质实体文化。不少历史学家发现农具的改进是社会进步和生产力水平提高的标志。但是随着机械化、工业化和现代化进程，那些代表一个时代、一个地域农业发展最高水平的传统农具，正在被抽水机、除草剂、收割机、打谷机、挤奶机等取代。作为传统农耕生活方式的历史记录，水车、风车、舂臼、橘槔、石磨等工具几近“绝种”。

（三）农业哲学理念、价值体系、道德观念

传统中国是一个以农业生产为经济基础的乡土社会，也是熟人社会，人们聚族而居，生于斯、死于斯，彼此之间都很熟悉。从熟人社会中孕育出来的无讼、无为政治、长老统治、生育制度、亲属制度等思想，都体现了农业文化环境下人与人之间遵循的互动规则以及人与人之间和谐相处的风范。在这样的环境下孕育出诚实守信、尊老爱幼、长幼有序、守望相助、互帮互助和热爱家乡等优良传统。这些优秀的传统美德不仅对农民的生活和发展而言是重要的，而且也是全体社会成员幸福的必要条件；这些优秀的传统美德不仅在传统农业社会是必需的，在现代和谐社会的构建中也是不可缺少的；这些优秀的传统美德不仅是社会秩序稳定的基础，也是中华民族进步不竭的精神动力和源泉。

二、建立农业文化的途径

（一）发展参与式农业

农场可以把农业文化的保护传承与增加收入和改善生活联系在一起。农场首先引导向农业的深度发展，这其中包括了提高产品质量，如发展有机农业，农产品的深加工，改变销售方式，形成特色品牌等；农场可以向农业的广度发展，这个广度是充分利用社区的自然资源、农业资源、文化资源、扩展农业的服务领域，其中，典型的发展途径就是利用地理、生物和文化的多样性来发展乡村旅游。

（二）发展社区农业

社区农业是近些年农业社会学者提出的一个农业发展和农业保护的新概念。社区农业是指依据农业与农村的多功能原理，充分利用社区资源形成的综合性农业。

农场因为拥有当地农业资源，如果能够挖掘传统农业资源，如种质资源、传统农具、传统技术、乡土知识、生活场景等，通过对农业的生物多样性和文化多样性的挖掘，例如，在农场中种植和收获中，民俗、节日庆典等文化形式体现乡土文化，就可以吸引周围社区消费者参与其中。农场还利用独特的资源、文化传统，发掘社区资源的价值，重新整合利用田园景观、农村风貌、自然生态环境；农业生产工具、农业劳动方式、农业技术、循环利用、乡土知识、农家生活、风俗习惯、民间信仰资源，如沿海地区的“渔村”、东北地区的“猎民村”、城市郊区的“豆腐村”，可以把向自然攫取食材、饮食与饮食文化、传统食品加工制作工艺、食品加工工具、当地民俗与生活方式等有机融合在一起。发挥农业文化的价值，并使其得到有效利用，使农业文化得以保护传承。

第八节　建立农场的继承体系

农场主不是一般的农民能够胜任的，既要懂农业生产，还要懂经营管理。更为重要的是对农业文化有感情、有眷恋，愿意将农场当成事业来做。当前我国农村许多地方都面临着“子不承父业”的问题，素质较好的农村劳动力纷纷流向非农产业或大城市，农业从业人员整体素质偏低。发展农场，谁来当农场主？谁能当好这个农场主？有了第一代农场主以后，谁来继承和发展农场这也是个大问题。

目前来看，有以下途径。

一是农场主、专业合作组织的带头人与主力成员、从事农业服务的技能人员的子女。因为耳闻目睹，这些孩子对农业经营有天然的感情，也有比较全面的农业生产知识，但是他们最缺少的是经营管理等方面的知识。

二是从城市中来，他们可以是从专业农校毕业，对农业有一定的兴趣与了解。农业院校的大中专毕业生回到农村去，特别是从农村走出来的大中专毕业生，对他们来讲，更需要的是农业生产力方面的实际经验。只要从事农场有比较好的收入预期，能够把做农场主当作职业选择，作为农场经营者的农户应当具有体面的、合理的收入来保证一定的生活水平，这一条件的存在决定了农业从业者在整个社会的经济地位，以及有无更多的人愿意从事农场的经营与管理。

第九节　注重农场的环境保护　保持可持续性经营

一、农业环境污染

农业环境污染是指由于现代工农业生产的发展，大量的工业废弃物和农用化学物质进入到农田、空气和水体中，其含量超过农业环境本身的自净能力，导致农业环境质量下降的问题。而农场环境污染是农业环境污染的组成部分之一，农场的环境污染打破了农场自身的小生态平衡，使得农作物产量、质量下降或者受到有害物质的污染，人和牲畜食用后影响人和牲畜的健康。

产生农场环境问题的主要因素有工业污染，包括工业废气、工业废水、工业固体废弃物造成的污染，这些污染渗入空气和土壤，影响农作物的产量与质量。

还有农业污染，主要包括对不科学和过量的施用化肥造成的污染、农用薄膜造成的“白色污染”，还有秸秆燃烧造成的污染，以及农村生活对农场的危害。

二、建立农场的环境保护体系

在农场的发展过程中建立环境保护体系，实现循环、可持续发展显得尤为重要。实现农场循环发展通常从“3R”原则即减量化、再循环、再利用三方面进行。

（一）生产过程控制及再循环原则

农业的再循环是指从农业整体角度建立农业与相关产业之间物质循环的产业系统，使农业系统与生态工业系统相互交织，资源多级循环利用来减少废弃物排放。我们可以举一个例子说明再循环在桑树、甘蔗等农作物循环体系的应用。

在太阳的照射下，桑树通过光合作用和呼吸作用，吸收自身所需要的营养和水分供其生长发育。桑树的再循环原则应用是间接的，桑树产生的桑叶被蚕食用生产蚕丝，同时产生的蚕的排泄物作为鱼塘的养分被循环利用。这一环节是桑树实现再循环原则的主要组成部分。甘蔗和桑树一样经过自身的光合作用和呼吸作用生长，糖厂利用成熟的甘蔗制成我们食用的散装糖；而剩下的甘蔗渣可以作为食物被猪食用；猪的排泄物同样成为鱼塘的养分。

农场尝试再循环方式进行生产，技术是实现再循环原则目标的基础之一，再循环原则只有在技术的作用下才能发挥其作用。新的技术还可以为农场带来新的经济效益。

（二）源头控制减量化

源头控制减量化原则是农场循环经济的重要组成之一，是实现农场循环经济的第一步和基础，是再循环和再利用的先决条件，只有实现了减量化原则，再循环和再利用才有意义。循环农业的减量化原则是指在保证社会经济系统物质需求的情况下，减少对自然资源的索取，减少农业投入成本，从而减少人类经济活动对自然生态系统的压力，提高农业生产效率。

落实减量化的措施，首先，加强对减量化的宣传力度，增强农场农户对减量化的生产意识。农场要率先树立生态环境意识，同时，增强对化肥过量化的危害认识，提高减量化的实施意愿。例如，可以与当地农业部门合作，加大对测土配方的培训规模，强化减量化施肥的推广力度。我们可以举一个减量化原则在农场养猪产业应用的例子。

养猪主要产生两大污染，一是养猪产生的污水，二是生猪的排泄物。产生的污水进入沼气池与其他物质一起进行发酵，形成的沼气用于生产和生活；剩余的沼渣一部分用于水产养殖，另一部分进入有机肥加工车间，作为有机肥的原料之一；而沼液也作为有机肥，用于农作物的生产。生猪的排泄物被运到有机肥加工车间，进行有机肥的生产，生产的有机肥同样用于农产品的生长发育。这一减量化过程，不仅减少了养猪行业产生的污染物的量，实现了减量化原则，同时，通过一个小型的循环体系实现了再循环和再利用的原则。

农场通过减量化措施，可以减少过量施肥导致的环境污染，也可以降低对人体的危害，还可以降低资源和化肥的使用量成本，在产量不变的情况下，提高经济效益。

（三）农场废弃物的再利用

实现农场废弃物再利用原则是实现循环经济的最后步骤，废弃物的再次利用不仅可以减少废弃物对农场的环境污染和影响，还可以再次实现资源的多级利用。农场废弃物在其他的工艺流程中作为资源被利用，可以减少对资源的使用，降低生产成本，提高经济效益。

例如，秸秆废弃物的再利用原则，是将农业生产过程中的副产品——农作物秸秆，通过加工处理变为有用的资源加以利用，实现农作物秸秆资源化（肥料化、饲料化、原料化、能源化）。

再利用原则在农业的重要运用的具体体现是“白色农业”。“白色农业”目前在农村运用最典型的就是沼气，人与畜禽粪便和农业废弃物通过微生物发酵产生沼气，为农民的生产和生活提供清洁能源，化害为利，变废为宝。

第五章　农场主的土地经营

第一节　农场土地经营制度

一、农场土地经营权流转

（一）“两田制”土地经营模式的大范围施行

土地职工家庭承包经营作为统分结合的国有农场双层经营体制中重要的一环，在调动职工生产积极性上发挥了特有的优势。随着形势的变迁，如何承包土地并发挥土地最大效用成为摆在农场面前的重要课题。一方面，随着国家惠农政策的出台，农场职工要求承包土地的愿望强烈；另一方面，土地的集约化、产业化经营要求改变土地零碎、分割的状态。伴随着国有农场税费改革进程的推进，“两田制”逐渐推行成为目前垦区较大范围推广的经营模式。其基本前提是坚持土地国家所有和家庭承包经营，在“基本田”中体现政策，“规模田”中体现效益，克服了土地家庭经营中平分土地、规模分散、劳动生产率低下的局限，体现了联产承包制下要素资源配置效率的提升和土地承包经营权的自主选择。

目前，全国农垦有27个垦区全部或部分推行了“两田制”，占农垦系统土地承包面积的80%以上。尽管各垦区对于“两田制”的称谓和划分细节存在一定的差别，但具有某些共性。基本田，或称身份田、口粮田、养老保障田等，一般参照周边农村劳均耕地面积分配，赋予长期稳定的承包经营权；只收取职工自身受益的社会保险费和农业保险费，参照执行同当地农村一样的税费改革政策；职工退休，基本田由农场收回。规模田，或称经营田、责任田、招标田、租赁田等，按照市场机制运作，采取“先交费、后种地”的办法，通过交纳租赁费取得经营权；租赁期一般1~3年；农场职工优先承包经营；服从农场统一种植计划与管理。

在国有土地上实行“两田制”是一个创新。一方面，“两田制”减轻了农工负担，将国家的惠农政策落到实处。同时，通过积极引导，发展特色农业、绿色农业、精细农业和效益农业，提高亩均效益。另一方面，“两田制”促进了规模集约经营，优化了产业结构。农垦区开始由分散经营走向适度规模经营，土地向种田能手集中，优化了经济结构，提高了经营效率，推动了产业升级，有利于规模农业、设施农业和现代农业的发展。

（二）建立在“两田制”基础上的农场土地经营权流转

“两田制”的发展，为实现国有农场土地所有权、经营权、使用权的分离创造了条件，也为进一步创新土地经营管理制度提供了条件，促进了土地有序流转。在实践中，由于各垦区不同的历史状况和资源禀赋特点，哪些承包土地可以流转，对流转有何限制等都存在一定的差异。

按照垦区相关规定，农垦土地承包经营权的流转只能在“基本田”进行。基本田的承包经营权在承包期内依照《中华人民共和国农业法》和《中华人民共和国物权法》的规定，可以采取转包、互换、转让等方式流转。流转所得的收益归承包方所有，除法定情况外，承包期内农场不得收回基本田承包经营权。而“规模田”的承包经营权，承包方如转移到非农产业就业或自愿放弃土地承包经营权，应将土地承包经营权交还给农场，农场在规模经营优先的前提下重新发包。承包方转让或交还农场的土地，场内职工有权优先承包。又如，在新疆生产建设兵团，职工通过与团场签订土地承包经营合同获得对定额承包地的承包经营权，承包经营权可以采取转包的方式进行流转，但转包只限定在团场承包职工之间进行；团场经营地签订租赁经营合同，期限1~3年，不允许流转。

尽管各垦区由于自身自然禀赋不同，在农垦土地流转的实践与探索中也具有共性：一般赋予基本田以较为充分的流转自由，而对于规模田一般选择在农场的层面加以控制。对于农垦土地的流转，可以从如下几个方面加以考虑。

第一，对规模田的租赁经营。其关键在于发挥市场配置资源的效用，合理确定土地规模，通过市场竞价，使土地适度向生产能手集中，实现经营田的连片、联合，发挥土地的规模优势，提高经济效益；本着效率优先、兼顾公平的原则，对农场职工在政策上给予一定的倾斜。

第二，对基本田适用农场土地流转方式。对基本田，要完善农场职工的合法权益，保证稳定而持久的承包经营权；给予农场职工充分的经营自主权，借鉴农村土地流转转让、转包、互换、入股、出租等多种形式，在农户之间进行自由流动。

第三，以土地为纽带与企业对接。农垦发挥组织化的优势，统一提供生产资料和技术指导，并且实行预售制度，统一包销。通过产业经营形成的规模和集聚效益，强化“公司+基地+农户”或“公司+农户”的土地经营模式，形成以产业公司为龙头的产业链，实现区域联营，不仅能够给农场带来较大效益，增加农场职工收入，还可以发挥影响带动、辖射周边农村的示范效果。

第四，建立合作经济组织。农业专业合作组织是实现小农户与大市场有效连接，促进生产要素优化配置的有效途径。农垦企业在经营田相对整合、农产品相对趋同和技术、劳力相对集中的区域，可以采取农工入股联营等形式，建立合作经济组织，开展集约经营和规模经营。在开辟自营经济过程中，为规避个体经营缺陷，发挥互助优势，也可组织行业性协会、专业合作组织。

第五，以模拟股份制探索农垦土地租赁经营。江苏垦区整合土地资源，实行“规模化种植、公司化运作、股份化合作”。

即对“基本田”，改土地补贴为货币补贴，纳入大田统一管理；改土地租赁经营为模拟股份制形式，采取“农场入股、合资种田、统一管理、按股受益、利益共享、风险共担”为主要形式的土地经营管理模式。

二、农场土地确权

（一）土地确权的概念

每宗地的土地权需要经过土地登记申请、地籍调查、核属审核、登记注册、颁发土地证书等土地登记程序，才能得到最后的确认和确定。土地确权的狭义含义是指在土地登记过程中的权属审核阶段对土地权属的来源、性质的确认。

根据中国土地所有权、土地使用权和其他项目权利的确认、确定的有关规定和当前土地管理实践的要求，土地确权也是各级人民政府的重要职责之一，包括制定和完善确定土地权属方面的法规和政策，处理土地权属争议和办理土地权属的登记造册、核发证书等。土地权属确定的原则有尊重历史、面对现实的原则；有利于生产和生活，有利于社会稳定的原则；政策和法律并用原则；分阶段、区别不同情况处理原则；权利设定一般法定原则。这些原则应体现土地确权的精神实质，为正确界定土地权属指明方向，并在整个土地确权中始终起指导作用。

确权机关是指依法有权确定土地所有权和使用权归属的行政机关。依照《中华人民共和国土地管理法》第十六条的规定，确权的权利主体为乡级或县级以上人民政府，也就是说只有乡级或县级以上人民政府才具有确认所有权和使用权的权力。主管是指确定土地所有权和使用权的具体承办部门。土地管理部门作为人民政府的职能部门，具体承办确权工作，对确权的意见和建议，要报同级人民政府作出决定。

（二）农场土地确权

土地是人类生存发展的基础。我国人多地少的基本国情和土地供需矛盾日益突显，决定了土地具有更加特殊的重要性。土地是国家确保粮食安全的重要基础，是国家宏观调控的重要杠杆，是各地经济增长的重要动力，是一切财富的重要源泉，也是各种利益冲突的矛盾焦点。对于农垦来说，土地是立足之本、发展之基，保护好、管理好、使用好国有农场土地，对实现农垦经济社会又好又快发展，充分发挥农垦在新时期的地位作用，不仅具有十分重要的现实意义，而且具有深远的历史意义。做好国有农场土地确权发证工作，是管好、用好农场土地的重要前提和基础。特别是在当前我国工业化、城镇化快速推进的大背景下，国有农场土地确权工作面临的形势比过去任何时候都要严峻，土地确权发证的任务比过去任何时候都更加艰巨，做好国有农场土地确权发证工作的意义比过去任何时候都更加重大。

针对国有农场土地确权发证工作存在的问题和困难，需要我国农业部农垦局进行全面部署，要求垦区和农场，尤其是进度缓慢的垦区和农场，切实按照《国土资源部、农业部关于加强国有农场土地使用管理的意见》要求，提高认识，加强领导，加大工作力度，调动各种可以利用的人力、物力和财力，抓紧时间，力争使符合确权发证条件的农场基本完成确权发证工作。为了确保完成农垦区农场土地确权任务，要按照“一把手”负总责的要求，切实把开展土地确权发证工作作为对国有农场主要领导的考核指标，与绩效挂钩，并建立问责制度。要加强沟通协调，尽快与国土资源、林业、农业（畜牧）等部门建立会商与对口联系的工作机制，为国有农场土地管理创造一个良好的外部环境。要加强调查研究，尤其是对影响当前确权发证进度的一些关键问题要会同国土资源主管部门进行重点研究，推动工作有序进行。要加强土地确权发证的政策宣传、技术指导和培训工作，提高经办人员的能力。

第二节　农场土地承包经营

国有农场在计划经济时期，农场各业产、供、销都由农场直接按计划组织，是财务上统收统支，经营上统负盈亏的“大锅饭”体制。经过多年不断改革，农场内部已形成多级法人实体与多元利益主体，“大锅饭”机制初步破除，但在大农场套小农场的格局中，国有农场仍然在直接从事生产经营，仍然承担着生产经营的风险和市场的风险。

实行“两田制”是根据我国垦区的有关经验，并以贯彻中央有关国有农场职工加入社保的文件精神为契机，全面启动的新的一轮农业改革。通过这场改革，它将原先主要由农场承担的自然风险与市场风险，逐步转变为主要由承包户承担，农业职工要成为市场竞争的主体。

国有农场是以国有土地为基本生产资料，以农产品生产、加工、销售为主营业务，依法自主经营、自负盈亏、自我约束、自我发展，独立承担民事责任的国有农业企业。作为国有农业企业，国有农场主要接受省农垦集团公司委托，从事国有资产（包括土地资产）的经营与管理，承担国有资产保值增值责任。农场不再直接从事生产经营和直接承担生产经营风险。随着改革的深入，农场与场内的第二、第三产业的关系将主要是参股、控股的产权关系，农场仅以出资额享受收益权利，承担风险责任；农场对农业，一方面凭借土地所有权，向承包者收取租金，市场与自然风险主要由承包人承担；另一方面农场通过控股、参股的农产品加工企业和其他龙头企业，按照市场化原则，组织帮助众多的承包户走向市场，真正实现了“大锅饭”的终结。

一、指导思想

国有农场土地承包指导思想是将全国人民代表大会的精神作为当年的统领，并且以农垦总局、各管理局党委（扩大）会议精神为主线，坚持“强工、兴城、优农”方针，推进新型工业化、城镇化、农业现代化和信息化同步发展。着力保障和改善民生，完善土地承包经营制度，落实国家强农惠农政策，促进农工增收、农场增效，保障现代化大农业和城乡一体化建设，实现农场经济社会全面协调可持续发展。

二、农场土地承包原则

农场土地承包的原则是：①坚持效率优先，更加注重社会公平。把落实政策与市场机制有机结合，完善土地使用权配置方式，通过“身份田”的公平分配，落实国家税费改革政策；通过“经营田”的合理配置，实现土地适度规模经营。②坚持统筹兼顾，调优种植业结构，合理确定农场与农工收益分配比例关系，在保障农场职工增收的前提下，实现农场增效，运用市场机制形成“经营田”承包价格，确定以保护农场职工承租积极性，维护农场职工利益为出发点，稳定土地承包费。③坚持以农场承包为基础，发扬“团结、创业、求实、奉献”的创业人精神，统分结合的双层经营体制，实行“两自理，四到户”，即职工生产费、生活费自理，土地、机具、核算、盈亏到户，由农场是投资主体变为职工是投资主体，谁投资、谁担风险、谁受益，极大地调动了职工群众的生产积极性，使经营效益显著提高。同时，要坚持领导干部管理人员和有固定收入的人员不参与土地承包、成立合作组织、实现规模经营、先职工后劳动力承包、经营田市场竞价、城建拆迁购楼与承包土地相结合的原则。

三、土地使用权配置方式

土地使用权配置方式是实行“三田制”，即“身份田”“经营田”和“机动田”。

（一）身份田

身份田是指农场为从事农业的在职职工和场内第二、第三产业等非农部门转岗职工，每人提供不超过 5 亩耕地或一定面积的茶园、果园、林地、水面等，以作为对其交纳社保统筹费用的补偿。享受身份田的人员必须同时具备以下条件：第一，必须是本农场户口并且在本农场长期居住，本半年度长期在外居住时间不得超过 6 个月，截至每年年末的农场职工及非农场劳动力；第二，女性 18~50 周岁，男性 18~60 周岁；第三，农场的管理人员、机关、事业单位工作人员及有固定工作、固定收入的人员不享受身份田待遇。获得身份田的职工履行自己缴纳全部社保统筹费（包括企业和个人应缴纳的部分）的义务。此外，承担农业税、公共抗旱、排涝等生产费用。身份田的分配，打破了原农场职工的身份界限，使其由农场职工过渡为社会人，真正成为市场经营的主体。

改革开放以来，因广大农工停发工资，实行了“生活费自理和生产费自理”，垦区规定每位在职职工每人配给 15 亩“生活田”，家属配给 8 亩（但有农场自行规定：上学包括上大学的孩子不给，当兵的不给，长期在外打工者不给），收取少量费用，主要用于保障农工家庭基本生活。这些年，许多农场看到土地涨价、发包有利可赚，把生活田减为 10 亩、7 亩的都有。土地承包费收取标准以北安管理局龙镇农场为例，该农场通过货币补偿的方式兑现到人，一般土地承包费为 720 元/人。

（二）经营田

经营田是指农场身份田以外按市场机制运作，以缴纳一定数额的租赁费取得经营权的农业用地，实行先交钱后种田，即承租人先交付经营田的租赁费，后取得经营田的经营权，实行自主经营、自负盈亏。取得经营田的经营人员的范围包括：第一，必须是本农场户籍且长期在本农场居住的劳动力年龄范围人员，禁止场外人员、干部管理人员及有固定收入人员（固定收入是指上年度在农场开工资达到 6 个月的）参与经营田承包经营；第二，基价地只限于农场没有固定收入的职工承包经营，标准为 1 公顷/人，标准外的承包面积一律实行竞价承包；

第三，农场非职工劳动力家庭根据每户承保需求参与竞价承包，并进入合作组实行统一经营管理。干部家属不允许参与竞价承包；第四，土地承包合同以合作组为单位并以农场职工名义签订；第五，每年年末迁入农场人员不得参与上述承包；第六，未到期面积和水田承包户不参与上述分配。

经营田实行公开、公平、公正竞租。农场依据土地的地力、水利、交通、环境和区位情况，茶果园依据园相等基础条件，制定经营田租赁经营的总体方案，分场受农场委托，根据茬口、自然条件等因素，将农场发租方案落实到田块，张榜公布，组织招标。租赁费基价的确定，主要包括土地基础设施折旧费、农场管理费、社会负担、农场积累、农业税等。考虑到农场的经济状况，职工一次交清租赁费有困难的可分两次交，也可以实物（粮食）缴纳，但最迟在当年春季作物播种前交清。经营田从承包经营转向租赁经营，调动了承租人的自主投入、自我发展的积极性，打破了农场土地按职工身份平均分配的格局，使部分不参加经营的职工从土地上脱离出来，从事第二、第三产业。

根据物价指数和社会保险缴费等上涨因素，确定基价收取标准 246 元/亩。实行级差地租，在基础收费上小麦调减 10 元/亩，玉米调增 40 元/亩，水稻调增 40 元/亩。为减轻农场职工负担，维持上年收费标准不变，小麦为 236 元/亩，大豆为 246 元/亩，玉米为 286 元/亩，水稻 286 元/亩。玉米采取摘棒收获方式的免除级差地租。

农场根据种植计划下达土地承包费上缴指标，所有管理区土地承包费上缴执行农场统一政策。

（三）机动田

例如谁家生孩子，或者从农场外地嫁入到本农场的女性等，考虑到农场人口的变化，需要从固有的农场土地面积中拨出一部分土地给新增人口。一般情况下，机动田不能超过垦区土地总面积的 5%，而且发包期不能超过 3 年，以保证土地有足够的流动性。机动田发包坚持“先场内后场外，先农工后家属、同等条件下本场职工优先”和“公平、公开、公正”的原则，纳入场务、队务公开管理。机动田面积必须向农工公示，机动田发包方案要依据民主程序，经职工代表讨论通过后实行。机动田实行一年一发包，承包期最长不得超过3年。由农场发包方参照当地市场价格，提出发包方案，并经国有农场职工代表大会讨论通过，公开竞价发包。一般农场谁家生孩子了，需要从农场土地中拨出8亩分给新增人口。

从这3类土地的性质就可以看出，保障职工生活的“身份田”和农场生产的“经营田”应当保持长年稳定，以利发展。“机动田”则可以一年一发包，以保证它的有序变化，保障垦区新增人口能及时得到生活田。

四、一事一议的筹资与使用

按照国家关于“一事一议”筹资筹劳有关规定，按土地面积筹资。随着土地承包费统一缴纳，这部分费用用于国家投入不足的部分。以北安管理局龙镇农场为例，按土地面积筹资35元/亩，其中，植树造林15元/亩，公路建设10元/亩，农田水利基础建设10元/亩。

五、土地承包费上缴方式及期限

以货币形式全额上缴，上缴期限由农场统一制定，一般以春播前作为期限。

六、要求管理区（组）对经营田采取以下方式调整土地承包费

根据耕地的类别等级分级定价。一个单位土地价格原则上不超过3个档次，每档价差不超过20元/亩。为保证轮作制度顺利进行，可根据所发包地块的前茬和当年种植作物适度调增或调减基础承包价格10~20元/亩。农业风险为政策性保障，个人缴费11元/亩，随同土地承包税一同缴纳，其余由农场配套

补贴。

为充分发挥土地资源优势，拉动各地发展，提高职工群众的幸福指数，农场在土地承包的过程实施“1366”为民工程，即土地承包要实现“一个目标”——资源共享、携手共富奔小康的目标。土地承包要坚持“三公”原则——公开、公平、公正。具有农场户籍的，在自愿申请和坚持“两自理，四到户”的前提下，以6种方式实现土地梯次分配，推进土地承包工作。第一，农工地。没有固定收入的农场职工每人可承包耕地1公顷。第二，安民地。具有农场户口没有固定收入的职工家庭，每人可承包耕地1公顷。第三，惠民地。农场住楼补贴试行由暗补转地补，户主具有农场户口的主楼户，在缴齐物业费0.25元/（米^2·月）、卫生费0.10元/（米^2·月）、水费150元/（户·年），同时，补齐供热缴费农场补贴部分后，每户可承包耕地1公顷，试行期间根据职工意愿，农场再鼓励承包1公顷土地，每户可承包2公顷土地。第四，利民地。一是维护好拆迁户和新购楼户的职工群众利益；二是对养殖奶牛户落实耕地承包鼓励政策，奶牛户按饲养量1亩/头，新购入按奶牛3亩/头标准落实。第五，创业地。鼓励在岗管理人员和编外大学生转岗创业，农场可为每人提供承包耕地5公顷。第六，富民地。上述土地发包分配后剩余土地全部进入市场，本着先职工后群众的原则竞价承包。实行“六免费”。即承包惠民地的楼房住户，享受毛巾、牙膏、香皂、肥皂、洗衣粉、卫生纸6种日常生活用品由农场免费供应政策，按季度发放。

七、土地流转和规模经营

按照依法、自愿、有偿、疏导的原则，继续扎实稳妥地推进土地适度规模经营，建立合作组织。严格规范身份田流转，经营田不许流转。

八、组建农业专业合作组织

在农场承包经营的基础上，本着自愿联合、自主兴办、自我管理、自我服务的原则，采取行政引导、典型带动和政策扶持等措施，通过能人兴办、基层组织创办和龙头企业承包领办等多种组建方式，举办农业合作组织。建立起“农场+管理区+农户”的现代农业组织，使农场融入合作化、专业化、生产化、集约化和社会化大生产。计划组建7个农业专业合作社，1个以龙头企业的有机特色产品合作社，1个以玉米烘干为主的合作社，依法到工商部门注册登记，争取国家有关扶持政策。

九、粮食统一销售

粮食谷物全部交付玉米烘干企业统一销售，由农场与合作组织代表协商一致，按市场价格结算，销售后低于市场价由农场补贴，高于市场价部分由农场与合作组织1∶1分成，农场分成部分用于职工群众福利待遇。

十、加强测土配方施肥项目管理

继续推进农业部测土配方施肥项目建设。加快建立耕地质量预警信息系统，提供可靠的土壤养分分布情况。配齐人员，加强项目内业务管理，提高操作能力，100%完成配肥站建设、配方施肥指导和配方肥应用工作。

第三节　农场土地整理及土地资源综合利用

一、农场土地整理

土地整理是近年来在我国土地资源日益紧缺形势下，国家为保证粮食安全和生态安全以及土地占补平衡提出的。以土地资源的可持续利用为最终目标，对我国农业现代化建设和经济发展具有重要意义。实施土地整理，特别是加大农用地的整理力度，是落实中央精神的切实体现，为在新时期解决农民增收问题开辟了一条新途径。

（一）土地整理

1. 土地整理基本含义

土地整理是指在一定区域内，按照土地利用总体规划的要求，结合土地利用现状，采取行政、经济、工程、技术、法律等手段，通过对土地利用结构进行调整，对土地资源进行重新分配，以达到协调人地关系，提高土地利用率和产出率，改善和保护生态环境，促进土地资源可持续利用与社会经济可持续发展的过程。而它所涉及的开发整理后土地面积和权属重新划分等各个方面，都必须建立在测绘工作的基础上，因为测绘数据是最基础、最原始的资料，是正确决策的最基本保证。由于测绘工作贯穿于土地开发整理的全过程，不同于平常所指的地形测量，因此，测绘工作比地形测量工作更细致、更具体，同时更讲究方法，它直接关系到工程项目概（预）算的准确性，在科学决策、节约投资、规范工程行为等方面有着不可低估的作用。

广义土地整理一般可分为两大类，即农地整理与市地整理。根据我国国情，土地整理的主要内容包括：①调整农地结构，归并零散地块；②平整土地，改良土壤；③道路、林网、沟渠等综合建设；④归并农村居民点、乡镇工业用地等；⑤复垦废弃土地；⑥划定地界，确定权属；⑦改善环境，维护生态平衡。

狭义土地整理指农地整理，土地整理包含土地开发、土地复垦。即在一定地域范围内，按照土地利用计划和土地利用的要求，采取行政，经济，法律和工程技术手段，调整土地利用和社会经济关系，改善土地利用结构，科学规划，合理布局，综合开发，增加可利用土地数量，提高土地的利用率和产出率，确保经济、社会、环境三大效率的良性循环。

2. 土地整理绩效评价产生与研究意义

随着我国土地整理事业的发展，土地整理绩效评价作为衡量土地整理工作成功与否的重要手段被日益重视。在可持续发展理念深入人心的今天，作为一切资源之首的土地资源，实现其可持续利用是实现整个社会经济可持续发展的重要基础。土地整理作为一项可以增加土地有效供给，提高土地利用综合效益，改善农村（农场）生活、生产条件和生态环境的活动被日益重视。自国家成立土地整理中心以来，已经投入大量人力、物力和财力开展土地整理工作，并且有的项目已经投入使用，这些土地整理工作在实现耕地总量动态平衡、保证国家粮食安全和建设新农村等方面取得了很大的成效。但是，目前我国土地整理工作中依旧有重数量、轻质量、脱离实际、破坏生态、追求高品位设计等错误倾向。因此，开展土地整理绩效评价工作以衡量土地整理实践的成功度就具有非常重要的意义。具体表现在以下几个方面。

首先，有利于提高我国土地整理专项资金的使用水平。一个土地整理项目往往需要几千万元的投资，同时还要耗费大量的人力、物力，但是国家对土地整理项目的投资能力是有一定限度的，土地整理资金的有效供给总是小于社会需求，通过开展土地整理绩效评价，可以使土地管理部门全面了解各地土地整理内容完成情况、项目建设取得实际成效、工作中存在的问题等，准确掌握土地整理专项资金分配使用的效率和有效性，为决策、规划部门科学编制年度土地整理计划和土地整理资金分配使用指明方向，对优化土地整理资金在地区和项目类型之间合理分配也发挥了很大的作用。

其次，有利于促进我国土地整理绩效评价制度建立，提高监督管理水平。加强对土地整理项目的绩效评价研究，有利于促使相关部门了解土地整理项目实际完成内容和拟完成内容情况，实际取得效益与预期取得效益之间的差距和不足，促进各地有针对性地采取对策加以改进。同时，通过开展土地整理绩效评价可以促使相关管理部门提高对土地整理专项资金使用效果的重视，建立相关制度，提高监督管理水平。

最后，有利于推动我国土地整理绩效评价相关理论与方法的研究。由于对土地整理绩效评价的研究还很少，土地整理绩效评价的理论与方法还不尽完善，尽管有些学者已经开始关注土地整理绩效评价工作，也是近几年的事情。因此，开展土地整理绩效评价工作，有助于推动土地整理绩效评价相关理论与方法的发展，进一步完善土地整理相关理论。

3. 土地整理程序

根据新《中华人民共和国土地管理法》的规定，结合各地实践，土地整理程序一般如下。

(1) 确定土地整理区域，提出工作方案。县、乡（镇）人民政府根据当地经济社会发展需要和对土地利用的要求，依据土地利用总体规划确定的土地利用分区和有关专项规划，选定实施土地整理区域，制定实施土地整理工作方案。土地整理区域一般集中连片，规模视当地具体情况而定。

(2) 组织进行土地整理规划设计。具体分析土地整理潜力、综合效益，提出具体的规划设计方案和权属调整的意见等，广泛征求有关方面意见后，完善有关规划及各类备件。

(3) 依法报上级人民政府或土地管理部门审核、批准。上级人民政府或土地管理部门依照有关法规、政策、技术标准等，结合当地情况，审核、批准土地整理规划设计与工作方案并进行备案。土地整理规划设计及工作方案批准后，向社会公布。

(4) 组织土地整理实施。按照批准的土地整理规划设计和工作方案，县、乡（镇）人民政府组织农村集体经济组织，有计划、有步骤地进行土地整理建设。

(5) 确认权属。按照有关法律和政策规定，对调整后的土地，办理确定土地所有权、土地使用权等手续。

(6) 检查验收。按土地整理规划设计的要求，依法由批准土地整理的人民政府或土地管理部门组织进行检查验收并确定土地利用调整情况，包括耕地面积调整情况。有关资料、图件等整理归档。

（二）土地整治规划

土地整治规划是各农垦区土地利用总体规划的专项规划之一，是土地利用规划的主要组成部分和深化补充，目的在于进一步落实土地整理复垦开发的目标和任务，土地整治规划遵循“十分珍惜、合理利用土地和切实保护耕地”的基本国策，落实耕地总量平衡的原则。

农垦区土地整治规划指导思想、基本原则与主要目标如下。

1. 指导思想

以科学发展为主题，紧密围绕加快经济发展方式转变这一主线，树立新型资源观和资源管理观，落实资源节约优先战略，以资源利用方式转变促进经济发展方式转变，以资源利用结构调整推动产业结构优化升级，切实提高国土资源工作对垦区经济社会可持续发展的保障和服务能力。

2. 基本原则

坚持保障发展与保护资源的原则；坚持统筹规划、科学调控的原则；坚持合理利用、节约集约的原则；坚持突出重点、全面发展的原则；坚持阳光服务、便捷高效的原则；坚持立足垦区、放眼全省及国内外的原则。

3. 主要目标

按照垦区“发展现代化大农业，建设国家商品粮生产大基地，实施推进城乡一体化大发展”的战略，农垦区国土资源规划整治的主要目标是：深入贯彻科学发展观，统筹区域协调发展，严格落实耕地保护制度和节约集约用地制度，按照垦区实现小康社会目标和经济社会发展战略，从垦区情况和土地利用状况出发，加强耕地和基本农田保护力度，保持耕地面积稳定、质量提高，保障国家粮食安全，合理安排各项建设用地，做好内部挖潜，提高节约集约用地水平；统筹土地利用，优化城乡用地配置，形成城乡一体化新格局；协调土地利用与生态环境，做好生态用地安排，全面改善垦区生态环境；正确处理保障发展和保护资源关系，对土地资源实行市场配置，发展土地供给和需求在国民经济和社会发展的调控作用，促进农垦区经济平衡、协调、快速发展。

根据国土资发《县级土地开发整理规划编制要点》和省国土资源厅《关于开展县级土地开发整理专项规划的有关问题通知》，大力推进基本农田整理，不断充实完善土地整理复垦项目库，做好土地整理复垦项目的申报，保障垦区耕地总量占补平衡有余。

（三）改善和保护生态环境

根据国务院《关于落实科学发展观加强环境保护的决定》、环保部《国家农村小康环保行动计划》和《加强农村环境保护工作意见》，我国农垦区环境保护的基本原则是：第一，协调发展，互惠共赢。正确处理环境保护与经济发展和社会进步的关系，在发展中落实环境保护，在保护中促进发展，坚持节约发展、清洁发展、科学发展。第二，预防为主，防治结合。严格建设项目环保审批制度，大力开展清洁生产审核，继续推进老污染源的稳定达标排放，强化源头治理、全过程监控，确保污染物达标排放。第三，强化法制，综合治理。坚持依法行政，严格环境执法；坚持环境保护与发展综合决策，综合运用法律、经济、技术和必要的行政手段解决环境问题。第四，依靠科技，创新机制。依靠环境科学技术，以技术创新促进环境问题的解决；完善环保制度，健全统一、协调和高效的环境监管机制。第五，不欠新账，多还旧账。以环境承载能力为依据，严格控制污染排放总量，在发展中解决环境问题，积极解决历史遗留的环境问题。第六，政府扶持，多方筹资。垦区内场部和管理区环境综合整治涉及面广、问题复杂，需要大量治理资金的投入。除了申请中央财政安排资金予以扶持外，垦区各级单位多渠道积极筹措资金以切实保障环境治理成效。第七，分类指导，突出重点。因地制宜，分区规划，分阶段解决制约社会发展和群众反映强烈的环境问题，改善和提高环境质量。在组织实施方面，由我国各农垦总局组织实施。各综合部门负责将规划目标纳入年度计划，在政策、资金方面给以倾斜。各管理局负责本辖区规划目标的实施，并对本辖区的环境质量负责。环境保护主管部门对规划目标的实施进行统一监督管理。

环境保护的主要措施包括法制保障、资金保障、技术保障和社会保障 4 个方面。

第一，法制保障。坚决贯彻国家环境保护方针政策，强化依法行政和执法监督。建立高效的环境监督管理体制，强化执法检查和监督管理，依法严肃查处各种环境违法行为和生态破坏现象，对不符合国家产业政策和环境要求、污染严重的企业，该关闭的坚决予以关闭，并适时组织开展专项整治活动，解决突出的环境问题。对各种破坏生态环境的违法行为要及时严肃查处，坚决打击人为破坏生态环境的违法犯罪行为。增强环保部门对环保工作统一监督管理的有效性，要加强环境保护部门的建设，对环保干部进行岗位培训，提高环境管理队伍的素质，定期开展环保执法大检查，加强监测、监理站建设，强化环境微观管理。要加强环保基本国策、环保法及可持续发展思想及典型案例的宣传，提高全民生态环境保护意识。推动生态垦区建设走上法制化轨道。

第二，资金保障。加强投融资体系建设，全方位多渠道筹措资金，保障生态垦区建设规划的顺利实施。加大投融资力度。各管理局、各部门要切实增加环境保护与建设的投入，将环境保护建设资金列入本级预算。全垦区财政对环境保护与建设的投入占财政总支出的比例，以及全社会环境保护与建设的投入占国内生产总值的比例要逐年增长。加大专项投资力度。积极争取国家支持，改善我国垦区基础设施建设。抓住机遇，用足用活国家相关政策，使生态垦区建设和发展纳入国家计划并得到国家投资支持。水土流失治理、土壤污染治理等积极争取国家专项资金。鼓励民间投资参与城镇的基础设施建设和社会公益性建设，保持生态垦区建设与经济的协调一致发展。

第三，技术保障。科技是推动社会发展的第一生产力，在实施规划目标的过程中，充分发挥科技进步作用，促进垦区经济快速增长，把生态保护科学研究纳入科技发展计划，给予重点扶持，鼓励科技创新。逐步建立起适应市场经济的现代研究体系、技术开发体系、科技管理体系、社会化服务体系，加快科研补发，繁荣垦区技术市场。对科技含量较高的生态产业项目和有利于改善生态环境的适用技术，予以享受高新技术产业和先进技术的有关优惠政策。

推广先进适用的科技成果。在清洁生产、生态环境保护、资源综合利用与废弃物资源化、生态产业等方面，积极开发、引进和推广应用各类新技术、新工艺、新产品。建立生态环境信息网络。加强生态环境资料数据的收集和分析，及时跟踪环境变化趋势，提出对策措施。完善生态环境动态监测网络，开展环境现状普查，建设环境资源数据库，实现信息资源共享和监测资料综合集成，不断提高生态环境动态监测和跟踪水平。利用网络技术、3S 技术、人工智能等技术，建立决策支持信息体统，为垦区环境保护建设提供科学化信息决策支持。

第四，社会保障。加强宣传教育，增强公民的环境保护意识。要围绕生态垦区建设，广泛深入地宣传生态环境相关法规，不断提高全民法制观念，大力普及有关人与自然、“地球村”、绿色产业、绿色食品、生态城镇、生态人居环境、绿色生活方式、绿色工作方式、绿色生产方式、绿色消费等生态知识，提高人们珍惜资源和保护环境的自觉性，树立新的绿色经济观、价值观、资源观、生产观、消费观。鼓励公众参与生态环境问题的决策及监督。让公众参与政府环境政策和环境规划的编制，参与地方环境立法工作，参与建设项目环境影响评价工作；对政府及其环境保护部门的工作提出批评和建议，使公众在参与中不断强化生态理念和环境保护意识。

二、农场土地资源综合利用

土地是垦区最重要的生产资料，是加快发展现代农业的基础，更是打造产业集团、建设和谐垦区的立足之本。在国家宏观调控和从严控制土地管理的背景下，如何有效管理、利用好垦区土地资源的重要性日益突出。农业部农垦局领导高度重视土地资源的管理和综合利用，专门成立了国土房产处，统筹指导协调垦区土地资源管理工作。根据农业部的部署，为了充分发挥垦区在现代农业建设的示范带动作用，综合利用现代地理信息技术（GIS、GPS）、计算机软件技术，在垦区逐步建立统一、完善的土地管理系统，既满足了上级监管土地资源的需要，也符合农场生产经营管理的实际需要，其不仅是垦区各级土地管理部门管理土地资源的专业系统，还将成为垦区生产经营、科技创新、安排基础设施建设和土地开发利用的创新型管理平台，能够有效地提高土地资源利用率，变资源为资产、变资产为资金，这也标志着垦区土地资源综合利用和管理全面迈入规范化、信息化、系统化阶段。

在农场土地资源管理系统平台上，不仅精确地记录了农场现有土地面积、分布、权属情况，还可以实时反映土地承包和收租情况、农作物种植品种产量、测土配方施肥等方面信息，下一步还将扩展到农田节水灌溉设施、农作物区域布局和结构调整、土地经管和开发管理等众多领域，实现对农业生产各种资源、要素的系统化管理。以广东农垦区湛江总局为例，在大力推进土地确权发证工作的同时，已经基本建成土地资源管理系统，清理回收了 6 万多亩“黑地”，大大提高了农场生产管理、承包经营管理的水平。广东农垦总局将在总结湛江垦区的经验基础上，召开土地管理信息化工作专门会议，帮助第一批 8 个试点农场尽快实施，力争年底前基本建成土地资源管理系统。同时，制订推广规划，加强业务培训，稳步推进，全面建成垦区农场土地资源管理系统。

因此，农场土地综合利用的特点是土地利用类型多样，有利于农林牧业发展；人均耕地数量多，土地生产力水平高；地势平坦，土地自然肥力较高；建设用地利用方式存在较大差异；土地后备资源多，土地整治潜力较大。但是也出现了土地供需矛盾日益加大，建设用地节约集约程度不高，部分地区土地生态环境脆弱，土地违法现象时有发生等问题，需要我国各农垦区加强土地管理力度以致保证科学发展用地的需求，强化土地执法监察力度，全面推进国土资源信息化建设，深化体制改革，提高管理能力和服务水平。同时，加强反腐倡廉建设，推进反腐倡廉制度创新。

第四节　农场中农场的土地经营

一、农场的内涵、特征及现状

所谓农场，是以家庭成员为主要劳动力，从事农业规模化、集约化、商品化生产经营，并以农业收入为家庭主要收入来源的新型农业经营实体。农场是一种新型的农业经营模式，成为现代农业的发展方向，日益受到国家重视。农场具有以下特征：一是以农户家庭为基本组织和核算单位，以家庭成员为主要劳动力从事农业生产经营活动。注册农场后，农场主仍是农场的劳动者、经营者。二是农场主的综合素质要高，既要懂技术，又要懂管理，还要会经营。三是经营规模要适度。相对于一般的农户家庭组织，农场生产经营规模明显扩大，并且有较高的专业化水平。但是，受家庭成员技术水平和经营管理能力的限制，农场经营规模必须适度，否则难以驾驭。四是作为一个经济组织，以利润最大化为目标，针对市场需求，其机械化、规模化、信息化水平较高，必须利用现代农业技术武装农场，才能在市场上具有竞争能力和优势。

农业部首次对全国农场发展情况开展了统计调查。统计调查的农场列出以下条件，主要包括：农场经营者应具有农村户籍（即非城镇居民）；以家庭成员为主要劳动力；以农业收入为主；经营规模达到一定标准并相对稳定，即从事粮食作物的，租期或承包期在5年以上的土地经营面积达到50亩（一年两熟制地区）或100亩（一年一熟制地区）以上；从事经济作物、养殖业或种养结合的，应达到县级以上农业部门确定的规模标准。调查结果显示，目前，我国农场开始起步，表现出了较高的专业化和规模化水平。

一是农场已初具规模。全国30个省、自治区、直辖市［不含西藏（农用地、商住地、工业地），下同］共有符合本次统计调查条件的农场87.7万个，经营耕地面积达到1.76亿亩，占全国承包耕地面积的13.4%。平均每个农场有劳动力6.01人，其中家庭成员4.33人，长期雇工1.68人。

二是农场以种养业为主。在全部农场中，从事种植业的有40.95万个，占46.7%；从事养殖业的有39.93万个，占45.5%；从事种养结合的有5.26万个，占6%；从事其他行业的有1.56万个，占1.8%。

三是农场生产经营规模较大。农场平均经营规模达到200.2亩，是全国承包农户平均经营耕地面积7.5亩的近27倍。其中，经营规模50亩以下的有48.42万个，占农场总数的55.2%；50~100亩的有18.98万个，占21.6%；100~500亩的有17.07万个，占19.5%；500~1 000亩的有1.58万个，占1.8%；1 000亩以上的有1.65万个，占1.9%。全国农场经营总收入为1 620亿元，平均每个农场为18.47万元。

四是一些地方注重扶持农场发展，提高管理服务水平。在全部农场中，已被有关部门认定或注册的共有3.32万个，其中农业部门认定1.79万个，工商部门注册1.53万个。全国各类扶持农场发展资金总额达到6.35亿元，其中，江苏（农用地、商住地、工业地）和贵州（农用地、商住地、工业地）超过1亿元。

据了解，本次统计调查的农场列出以下条件，主要包括：农场经营者应具有农村户籍（即非城镇居民）；以家庭成员为主要劳动力；以农业收入为主；经营规模达到一定标准并相对稳定，即从事粮食作物的，租期或承包期在5年以上的土地经营面积达到50亩（一年两熟制地区）或100亩（一年一熟制地区）以上，从事经济作物、养殖业或种养结合的，应达到县级以上农业部门确定的规模标准。调查结果显示，目前我国农场已初具规模，表现出了较高的专业化和规模化水平。

二、农场中农场的土地经营模式

最初农垦土地经营采用职工承包责任制的模式，把最初参与开垦的劳动者归为农垦的内部职工，把土地交给他们承包经营。由于农垦职工劳动力向城市工商业的转移，出现了土地租赁经营模式。2000年以后外来民工的比例不断增加，原来单一的农场职工家庭承包模式演变为职工家庭承包、大户承包、租赁经营、转让经营、联产计酬等经营模式。因此，农场的土地经营模式可以归结为承包经营模式（包括职工家庭承包、大户承包、联产计酬模式）、租赁经营模式和转让经营模式。这些模式构成了农垦区主要的土地经营模式。这些经营模式在一定程度上搞活了农场土地经营权的流转，实现了土地的多样化经营。

在调研过程中，以海南农垦集团属下的幸福农场为例，该农场主要经济作物为甘蔗、剑麻、橡胶、香蕉等，农场有人口5 000多人，其中正式职工1 000多人，其他为农场家庭职工，多为外来民工如广西等地区的民工。农场土地按不同的作物划分，每30亩划一个岗位，由职工家庭进行岗位承包，承包的周期一般比较短。在经营过程中由农场根据需要进行岗位和承包期的调整。在生产过程中农场与承包职工的分工为承包职工负责具体的田间管理，农场负责各种生产资料的提供。收获由承包职工负责。对承包土地的经营作物，由农场进行统一下达指令性计划，在职工承包的土地中，可以给承包人所承包土地

10%~20%的自主决定作物权，当然这个自主权也是有限制的，也要经过农场的同意才可以经营其他作物，否则农场可以实施如回收土地、经济处罚等处罚行为。

职工承包的代价是上交农场一定的地租，一般为交实物。收成后的利益分配，成品由职工交给农场统一销售和处理，农场根据职工上交的作物总产量量减去地租的数量，再扣除农场投入垫付的生产资料费用，剩余的才是职工的。据农场管理人员介绍，对农产品的价格定位有保护价、市场价之分，如果市场的价格太低，则采用保护价进行收购。对职工承包人有一定的保护作用。

通过以上分析，可以看出农场的土地经营模式的特点为：土地规模化、组织化经营，由农场统一管理；职工以交地租的形式有偿承包农场土地；生产过程先由农场统一分配生产资料，承包职工负责具体的田间管理；农场有很大的控制权，可以决定种植作物；利益分配为借贷式，即总收成减去地租和总垫付等于承包职工收入。这种经营模式有很强的计划性、组织性，是在土地的规模化的基础上对农业生产的一种集约化操作。

三、实行农垦区土地经营模式的条件

农垦区这种规模化、集约化的土地经营模式，是在一定的经济条件和社会条件的基础上得以实行的。

（一）经济制度条件

一直以来，农垦的土地经营模式为职工承包和租赁经营两种形式。其适应了农场的指令性、统一性生产要求。由于土地的经营使用权不属于承包经营者，而属于农垦区，承包者只有对作物的使用和管理经营权。而农垦区以外的农村土地的经营模式是实行家庭联产承包责任制，农户享有土地的经营使用权。与农垦区内的承包家庭相比，在土地权属方面有更高的地位。对农村也实行和农场内承包者同样的制度安排是难以实现的。

（二）社会历史条件

农垦区的土地是在一定的历史条件下开垦并发展起来的。国家为加大国家大型农产品商品基地建设，为保护边疆的安全等而开垦了当时的荒地和无人耕种的土地，形成今天农垦区的土地。因此，其土地一开始就是属于农垦区代表国家经营管理，经过50多年的发展，一直保持这种单一的、统一的管理模式，有其深厚的历史性和时代性。

四、农场土地承包费管理

（1）管理区的土地承包费应按农场年初下达的计划指标足额收缴。土地面积发生变动必须由单位领导提出书面申请，专题说明证件原因，由农业副场长签字后，报场长办公会审议批准。农场土地承包费以货币资金方式收取，并在专业时间内完成收缴任务。

（2）农场设立农业服务中心财务，独立核算农场各项直接费用，包括种肥、农药、作业费、航化费等费用。

（3）农场资金管理，农场货币资金实行专户储蓄、专人管理、专人审批的管理方法。所有农场生产费的收缴，要求按规定使用农场计财科统一发放的编号收据，纳入农场账内管理。

（4）单位负责人对农场核算的及时性负主要责任。统计及农业助理负责及时提供承包土地面积、种子、肥料使用等原始资料，农机助理负责及时提供农机作业费原始资料，报账会计及核算员负责将承包合同和发生的各项费用分摊签字确认后及时上报核算中心入账。

（5）农场账务分开。农场应公开的项目有土地承包费、代收代付直接费用以及收各项农场费用情况，惠民资金发放情况，年末发放对账单，农场存、欠款年末必须由职工签字认可。

第六章　农场主的生产管理

本章首先对春耕整地和测土配方施肥进行了概述，在阐述生产任务及农时目标、春播生产的基本要求和措施等内容后，又详细介绍了测土配方施肥内涵、实施步骤和原理。第二，对种子产业管理进行了介绍，主要从种子产业的意义、发展原则以及制约因素进行了研究。第三，对农药管理和化肥管理进行了详细论述，并简要介绍了农场田间档案管理制度。第四，在作物田间管理方面，主要阐述了作物田间管理内涵及措施的具体内容。最后，本章对现代农业生产管理进行了探讨。

第一节　春耕整地与测土配方施肥

一、春耕整地

（一）指导思想

根据党的十八届三中全会及农垦局党委扩大会议精神为指针，以科学发展观为统领，以加快现代农业建设为中心，以种植业结构调整为主线，以粮食增产、农业增效和职工增收为目标，以全方位的物资准备和高标准机械检修为保障，牢固树立抗灾丰收思想，进一步提高各项作业水平，全面实施农业标准化，加快农业服务体系建设，高标准、高质量、保农时、保安全完成春播生产任务，为农业丰产丰收奠定坚实的基础。

（二）形势分析

在有利形势方面，近些年农机更新力度大，保有量充足，机具检修动手早、要求严、标准高、准备充分，为春播作业的高标准提供了机械保障。种子、化肥、油料等生产资料统一采购，准备早、质量优，减低了生产成本，能够保证春耕生产顺利进行。在不利形势方面，由于干旱、多雨等自然灾害，三秋作业面积小，质量标准不高，并且很多地块有深辙，春耕生产任务重、难度大。如冬季降雪量大，春季回暖慢，势必造成后期集中化雪，地里产生积水，这将加大春耕生产的难度。同时，春整地面积大，任务重，将出现机车紧张现象。另外，春整地如遇到后期干旱将造成出苗困难、出苗不齐现象。

（三）生产任务及农时目标

生产任务在一般情况下，每年以各农场总播种面积，确定种植业的各产业结构比例。而农时目标为了使各作物获得高产，必须按农时目标完成春播任务。水稻一般在4月中旬播种，5月中旬前后插秧。

（四）春播生产的基本要求和措施

1. 搞好春耕生产的各项工作

（1）统一思想、焕发精神，加强宣传工作。各级组织要统一思想，增强抗灾意识，发挥广大干部职工的积极性、创造性。充分利用广播、电视、板报等宣传媒体，加大对春耕生产的宣传力度，为圆满完成春耕生产任务而奋斗。

（2）强化标准意识，搞好农机具的复检复修，使之升级上档次。

（3）搞好种子精选及包衣下摆工作，下摆种子要进行封样，双方留存，各管理区要对下摆种子做发芽试验，准确计算播量，注意反馈种植户对一些种子公司种子加工包衣的监督状况，保证质量，保证农时，确保统一供种，顺畅和谐。

（4）发动职工积极筹措资金，上交到农场，保证春耕生产所需化肥、农药、油料、零配件等物资的供应及时到位。

2. 全面提高春耕质量

全面提高春耕质量，为下一年农业生产工作开好头，起好步。

（1）各管理区要做好土壤保墒工作，播种、镇压连续作业，集中突击作业，以防跑墒。已秋起垄的大田，及时进行播前镇压，碎土保墒，配带保墒条耢子。

（2）品种选择及密度。根据各地区积温状况及品种的适应能力，种植相应的品种。

（3）种子精选包衣。种子要严格精选包衣，严禁白籽下地，确保出苗率。各管理区或连队随时派代表去种子公司跟踪监督，及时反馈意见要求。

（4）严把播种质量关。要搞好田间区划，备足鉴旗，要种满种严，到头到边，地头整齐，行距均匀，播深一致，不重不漏，百米弯曲度不超过 5 厘米，坚决杜绝撒种、撒播、漏种、漏肥现象的发生。

（5）合理施肥。一是根据作物确定施肥量。二是测土结果定施肥量。根据土壤化验结果，计划亩产量定施肥量。三是不同前茬确定施肥量。四是因土质、地形定施肥量。地力差的岗地增施氮肥、洼地减少氮肥，增加磷肥施肥量。五是因品种不同定施肥量。长势繁茂，茎秆较弱品种降低氮肥施肥量。六是大力推广平衡施肥。

（6）加强肥料和农药的管理工作。加强农药管理，由生产科统一配方、农业协会统一组织招标采购，管理区统一喷灌，农药价格不能高于市场同类农药同期价格。严禁私自用药，杜绝药害的发生，对于超范围使用农药和使用方法不当，给他人造成药害产生经济损失，应如数进行赔偿，情节严重的，取消土地承租权。下茬调整种植的作物，发生残留药害的，要追查责任。

（7）土壤处理。玉米、大豆必须全面积土壤药剂处理，各管理区喷药机械必须严格检修，做好喷嘴流量试验，验收合格后方能参加作业。配药操作过程要先配母液，加药过程中先加药罐1/3~1/2的水，再加母液，防止药液直接进入喷管而造成药害和后半部浓度降低，同时，也要注意每次喷液量不净造成积累药害发生。每个喷嘴型号、批号、角度必须一致，单口流量差不能超过5%。播后及时喷药，坚持喷药镇压一条龙作业。严禁使用高残留农药。喷药作业结束后，要把瓶、盒等包装物处理掉，防止污染环境，若发现瓶、盒等杂物，将追查有关人员责任。

（8）科学轮作。农垦区坚持科学轮作体系，认真填写生产科统一下发的地号设计档案。

（9）搞好绿色、无公害、有机食品的生产。各管理区要严格按照生产部门分配的有机、绿色食品计划面积进行生产操作。

（10）搞好科技示范带的规划，落实好高产示范田。按照《高产攻关实施方案》，沿科技示范带落实好“攻关田”，“示范田”每个管理区落实2块以上攻关田。科技示范带要结合“高产攻关”项目，进行优质品种、新技术、配套高产优质栽培技术的展示，大豆和玉米必须进行土壤药剂处理，进一步提升标准化作业质量，真正发挥科技示范、引导、推广、培训作用，结合配方施肥项目，开展测土配方施肥。

（11）对一些种植作物的地号要进行残留药害取土试验，由农业助理（或技术员）负责，如出现药害，对责任人进行处理。

3. 突出播种质量，强化大田作物播种速度与质量的统一

农垦区农业工作重点是狠抓质量，各管理区要严把播种质量关，整地、深施肥、播种质量必须高标准，地号两头全部采取双线起落，各作物播种质量标准有新的突破，出现漏播现象没有及时补种及药害事故，以平方米为单位，对农业农机助理或技术员罚款，超过2亩的给予通报批评，特别严重的给予降级降职处理。同时，根据各农场种植业结构调整的重点作物，关键在于落实面积、保证播期、保证播种质量高标准。

另外，大田播种面积大，任务重，项目多，时间紧，大田

播种、喷药、镇压要统筹安排，科学指挥，适时早播，既要重视速度，又要保证质量。尤其是播前、播后土壤处理，要充分利用一切有效时间，并做好夜间喷药准备工作。努力提高土壤处理的质量标准，达到较好的杂草防除效果，减轻大田管理的压力。

4. 落实好农业部农业科技推广体系，加大科技推广力度，继续推广应用十项农艺适用先进技术

重点推广技术有：推广各作物优质高产、抗逆性强的品种覆盖率，要达到100%；全面积推广无残留复方土壤处理技术；豆类、玉米原垄卡种推广；推广玉米种子催芽断根、化控技术；全面推广叶龄诊断技术；推广玉米移栽技术；推广玉米滴灌技术，每个管理区在示范带上配备滴灌不少于两块地；推广玉米应用肥料“缓释肥料技术”；推广测土配方施肥技术；推广作物健身防病技术。

（五）加强安全生产教育

各农场根据岗位实施教育培训，增强全员安全意识，消除不安全隐患，安全生产责任状不准代签，备齐、备全各项安全设施，保证使用效果，要杜绝不安全生产事故的发生。

（六）奖罚制度

在作物出齐苗后，各农场要组织有关人员进行春播质量验收，具体规定按照每年的《农业生产方案》执行。

（七）加强领导工作

为强化对春耕生产的领导，保证高速度高质量地完成春耕生产任务，农场成立春耕生产领导小组。一般情况下，由农场场长和党委书记任组长，副场长等作为副组长，管理区区长、工会主席等作为成员，建立起组织机构。大田播种全面实施前，农场要统一思想，同心同德，奋力拼搏，抓住有利时机，充分利用各种有利因素，有效克服不利因素，为春耕全面胜利打下坚实基础。

二、测土配方施肥

（一）测土配方施肥内涵

测土配方施肥就是以土壤测试和肥料田间试验为基础，根据作物需肥规律、土壤供肥性能和肥料效应，在合理施用有机肥料的基础上，提出氮、磷、钾及中、微量元素等肥料的施用数量、施肥时期和施用方法。通俗地讲，就是在农业科技人员指导下科学施用配方肥。测土配方施肥技术的核心是调节和解决作物需肥与土壤供肥之间的矛盾。同时，有针对性地补充作物所需的营养元素，作物缺什么元素就补充什么元素，需要多少补多少，实现各种养分平衡供应，满足作物的需要；达到提高肥料利用率和减少用量，提高作物产量，改善农产品品质，节省劳力，节支增收的目的。

（二）实施的步骤

测土配方施肥技术包括“测土、配方、配肥、供应、施肥指导”五个核心环节、九项重点内容。

（1）田间试验。田间试验是获得各种作物最佳施肥量、施肥时期、施肥方法的根本途径，也是筛选、验证土壤养分测试技术、建立施肥指标体系的基本环节。通过田间试验，掌握各个施肥单元不同作物优化施肥量，基、追肥分配比例，施肥时期和施肥方法；摸清土壤养分校正系数、土壤供肥量、农作物需肥参数和肥料利用率等基本参数；构建作物施肥模型，为施肥分区和肥料配方提供依据。

（2）土壤测试。土壤测试是制定肥料配方的重要依据之一，随着我国种植业结构的不断调整，高产作物品种不断涌现，施肥结构和数量发生了很大的变化，土壤养分库也发生了明显改变。通过开展土壤氮、磷、钾及中、微量元素养分测试，了解土壤供肥能力状况。

（3）配方设计。肥料配方设计是测土配方施肥工作的核心。

通过总结田间试验、土壤养分数据等，划分不同区域施肥分区；同时，根据气候、地貌、土壤、耕作制度等相似性和差异性，结合专家经验，提出不同作物的施肥配方。

（4）校正试验。为保证肥料配方的准确性，最大限度地减少配方肥料批量生产和大面积应用的风险，在每个施肥分区单元设置配方施肥、农户习惯施肥、空白施肥 3 个处理，以当地主要作物及其主栽品种为研究对象，对比配方施肥的增产效果，校验施肥参数，验证并完善肥料配方，改进测土配方施肥技术参数。

（5）配方加工。配方落实到农户田间是提高和普及测土配方施肥技术的最关键环节。目前，不同地区有不同的模式，其中，最主要的也是最具有市场前景的运作模式就是市场化运作、工厂化加工、网络化经营。

（6）示范推广。为促进测土配方施肥技术能够落实到田间，既要解决测土配方施肥技术市场化运作的难题，又要让广大农场农户亲眼看到实际效果，这是限制测土配方施肥技术推广的“瓶颈”。建立测土配方施肥示范区，为农场农户创建窗口，树立样板，全面展示测土配方施肥技术效果，是推广前要做的工作。推广“一袋子肥”模式，将测土配方施肥技术物化成产品，也有利于打破技术推广“最后一公里”的“坚冰”。

（7）宣传培训。测土配方施肥技术宣传培训是提高农场科学施肥意识，普及技术的重要手段。要加强对各级技术人员、肥料生产企业、肥料经销商的系统培训，逐步建立技术人员和肥料商持证上岗制度。

（8）效果评价。农场种植户是测土配方施肥技术的最终执行者和落实者，也是最终受益者。检验测土配方施肥的实际效果，及时获得种植户的反馈信息，不断完善管理体系、技术体系和服务体系。同时，为科学地评价测土配方施肥的实际效果，必须对一定的区域进行动态调查。

（9）技术创新。技术创新是保证测土配方施肥工作长效性的科技支撑。重点开展田间试验方法、土壤养分测试技术、肥料配制方法、数据处理方法等方面的创新研究工作，不断提升测土配方施肥技术水平。

（三）测土配方施肥的原理

测土配方施肥是以养分归还（补偿）学说、最小养分律、同等重要律、不可代替律、肥料效应报酬递减律和因子综合作用律等为理论依据，以确定每养分的施肥总量和配比为主要内容。为了补充发挥肥料的最大增产效益，施肥必须要选用良种、肥水管理、种植密度、耕作制度和气候变化等影响肥效的诸因素结合，形成一套完整的施肥技术体系。

（1）养分归还学说。作物产量的形成有40%~80%的养分来自土壤，但不能把土壤看作一个取之不尽、用之不竭的“养分库”。为保证土壤有足够的养分供应容量和强度，保持土壤养分的携出与输入间的平衡，必须通过施肥这一措施来实现。依靠施肥，可以把作物吸收的养分“归还”土壤，确保土壤能力。

（2）最小养分律。作物生长发育需要吸收各种养分，但严重影响作物生长，限制作物产量的是土壤中那种相对含量最小的养分因素，也就是最缺的那种养分（最小养分）。如果忽视这个最小养分，即使继续增加其他养分，作物产量也难以再提高。只有增加最小养分的量，产量才能相应提高。经济合理的施肥方案，是将作物所缺的各种养分同时按作物所需比例相应提高，作物才会高产。

（3）同等重要律。对农作物来讲，不论大量元素或微量元素，都是同样重要缺一不可的，即缺少某一种微量元素，尽管它的需要量很少，仍会影响某种生理功能而导致减产，如玉米缺锌导致植株矮小而出现花白苗，水稻苗期缺锌造成僵苗，棉花缺硼使得蕾而不花。微量元素与大量元素同等重要，不能因为需要量少而忽略。

（4）不可代替律。作物需要的各营养元素，在作物内都有一定功效，相互之间不能替代。如缺磷不能用氮代替，缺钾不能用氮、磷配合代替。缺少什么营养元素，就必须施用含有该元素的肥料进行补充。

（5）报酬递减律。从一定土地上所得的报酬，随着向该土地投入的劳动和资本量的增大而有所增加，但达到一定水平后，随着投入的单位劳动和资本量的增加，报酬的增加却在逐步减少。当施肥量超过适量时，作物产量与施肥量之间的关系就不再是曲线模式，而呈抛物线模式了，单位施肥量的增产会呈递减趋势。

（6）因子作用律。作物产量高低是由影响作物生长发育诸因子综合作用的结果，但其中必有一个起主导作用的限制因子，产量在一定程度上受该限制因子的制约。为了充分发挥肥料的增产作用和提高肥料的经济效益，一方面，施肥措施必须与其他农业技术措施密切配合，发挥生产体系的综合功能；另一方面，各种养分之间的配合作用，也是提高肥效不可忽视的一个问题。

第二节　作物田间管理

一、作物田间管理内涵

作物播种或移栽后至收获前所采取的一系列田间技术措施的总称。包括间苗、定苗、补苗、镇压、中耕、培土、整枝、蹲苗、施肥、灌溉、除草以及防治病、虫、草害和抵御各种自然灾害等。目的在于充分地利用外界环境中对作物生长发育有利的因素，避免不利因素，协调植株营养生长和生殖生长的关系，保证合理的群体密度等，以促进植株正常生长发育和适期成熟，提高产量、改进品质和降低成本。

二、作物田间管理措施

为使田间作物前期、中期和后期管理工作连续有效地推进，力争秋季作物丰产丰收，根据当年自然天气变化、降雨、水涝、干旱、病虫害等情况，我国农垦区在一般情况下，会加强作物田间管理工作。我国农垦区加强作物田间管理的具体措施如下。

一是要进一步强化组织领导。要把加强田间管理工作作为农业生产上的一项重要任务，突出重点，分类指导，明确责任，狠抓各项措施落实。

二是要科学制定管理目标。以水稻和大豆作物为例，各水稻生产场要重点抓好化学除草工作，加强对水稻条纹叶枯病、稻飞虱、稻螟虫等病虫的监测与防治，水稻直播田要注重肥水运筹，防止后期倒伏；各大豆生产场要加大抗旱指导力度，尽早造墒出苗，播期墒情较好、部分豆苗密度过大的地块，要结合中耕疏苗；大豆高产核心示范区要进一步按生产规程强化指导与管理，做好大豆造桥虫、豆杆蝇等病虫害的防治工作，中后期要适当追肥，提高结荚数和粒数。

三是要深入抓好技术指导与服务。要围绕生产上存在的突出问题和薄弱环节，搞好技术指导与服务工作。专业技术人员要深入田间地头，及时掌握苗情、病虫情，加强测报和信息发布，提高田管工作的科学性和有效性。

四是要抓好种子生产。尽量提高各种作物种子量，为下一年农作物统一耕种工作的推进做好种子储备。

五是要加强职工农药选购与使用的指导。加强安全用药宣传，动员职工做好安全防护工作，严格禁止使用高毒高残留农药，提高农产品质量安全水平，同时要避免在午间高温时施药和长时间施药，防止中毒事故发生。

六是依靠科技抓好秋熟作物田间管理。以江苏农垦黄海农场为例，该农场具体以水、肥、药这“三字经”为中心，对瓜果蔬菜、大豆等旱熟作物全部清沟理墒一遍，挖好田间一套沟，确保沟沟通河，做到旱能灌、涝能排。水稻田按照因苗因田制宜、科学促控的原则，适时搁田控苗，组织承包户采取水伤肥补，培育壮苗促分蘖，打好病虫害防治总体战，努力控制和减少灰飞虱及条纹叶枯病的危害。黄海农场机关工作人员深入农田农家，帮助农户解决生产、生活中的实际困难，为农户提供优质服务，着重围绕田间技术指导、病虫草害防治、农业技术培训走好“三步棋”，组织农户现场参观农业示范典型，学习身边人、身边事。农场农业生产管理实行“六统一”政策，在病虫害防治时，做到统一思想、统一安排、统一领导、统一药剂、统一标准、统一时间，确保防治效果。全场党员干部和农业技术人员深入田间地头，宣传农业知识，指导农户科学抓好秋熟作物田间管理。对水稻、蔬菜等农作物做到及时发现问题、及时解决问题。

七是加大科技投入力度，科学指导农业生产。农业生产部门集中技术力量，深入田间一线调查研究、掌握情况，认真做好技术指导和跟踪服务工作，指导农户加强对农作物的田间管理，采取各种有效措施，确保农作物正常生长。狠抓病虫害防治工作。农业技术人员深入到农户田间地头，实地监测病虫害发生动态，及时组织和指导农户开展防治工作。采取药剂杀虫、生物杀虫、灯光诱虫等防治方法，对大豆、玉米、高粱等病虫害进行集中杀灭，保证产量和质量。抓好清除田间杂草工作。向农户传授除草药剂的使用方法和注意事项，增加除草效果，确保实现高产、稳产、降低成本。抓好农田防涝工作。教育引导农户树立“抗大旱、防大涝”的意识，对易发生洪涝及低洼地块及早修建排水边沟，适时清淤清挖排水沟，预防内涝，确保农作物增产增收。

第三节　现代农业生产管理

为认真贯彻落实农垦局党委扩大会议精神，坚持农业立场，进一步优化种植结构，加大先进科技与机械投入，全面提升现代农业标准化水平。

一、突出重点，确保各项农业措施落实到位

（一）继续优化种植结构，夯实农业设施基础

种植机构调整以增玉、扩稻、稳豆杂、压麦薯为原则，以突出高产、高效作物为发展方向，继续加强玉米烘储设施建设，完善烘储设施建设，即每种植5万亩玉米，要有1万吨棒储、1万吨粒储、配置5万平方米的晒场和一套日处理500吨的粮食烘干塔，确保玉米及时保质收获；打造国家级百万亩出口食品农产品质量安全标准化示范区，继续扩大GAP认证的作物品种和种植面积，实现种植业100%绿色有机种植，积极筹办“北大荒有机果蔬节”；将调优种植结构，以增玉米、扩经稻为原则，通过选用优质品种、实施科技创新等综合组装措施实现增产增效，并开展“三查、四看、五落实”“三评、四比、五到位”标准化提升年活动，实现全作物、全过程、全面积、全方位农艺措施标准化，高标准抓好科技示范带景观建设，重点推进赵光、红星、格球山、五大连池农场国家级标准农业科技园区建设；加快农机更新，计划投资2.7亿元购置玉米种植配套机械660台（套），并不断完善基础设施配套和“3S”管理平台的服务功能；抓好农业部和总局六大作物高产创建活动，确保实现“1355”的目标，即玉米亩产1 000千克、大豆亩产300千克、马铃薯亩产5 000千克、小麦亩产500千克，并完成玉米滴灌工程30万亩。

（二）抓好科技示范带与园区建设，加快标准化农业建设步伐

精心打造科技示范带及科技园区建设，一是精心建设打造玉米高产栽培示范带。二是农场级高产高效作物栽培示范带。三是打造万亩水稻高产栽培示范带。四是水稻科技示范园区、旱田科技园区要在试验、示范新品种及解决生产实际问题上下功夫，要重内涵、上档次。加快农业新科技的研究、开发与应用，使科技园区真正成为农业新技术的转化基地、产业培植基地和现代农业示范基地，充分发挥其示范带动作用。五是各农

场区组都要按照农场要求，保证区区有特色、组组有亮点。

（三）坚持农业标准化提升活动，促进农业整体标准升级

继续开展以“三查、四看、五落实”“三评、四比、五到位”为内容的农业标准化提升活动，抓好落实，做到实现路边与田间、示范田与生产田、水田与旱田、管理区、居民区与居民组之间的“五个一样”；地、林、路、沟、电线杆的“五边”整齐、管理到位；规范示范地块标牌与内业工作不断提档升级。

（四）强化统一管理职能，完善各项规章制度

首先，农业生产要形成行政第一责任人目标管理责任制，要层层签定责任状，指标、责任到人，全年考核与工资收入挂钩，形成一级对一级负责的工作推进机制，确保各项目标的实现。同时，进一步完善各个生产环节检查验收制度。

其次，完善生产资料管理制度。农场要制定严格的生产资料统一采购管理制度，品种要统一，各作物配比要严格按照生产科下发方案执行，用量不允许随意增减。种子要以种子公司统共品种为主栽，严禁私自外引或自留，确保农业生产资料的质量安全。

最后，完善地号档案微机化管理制度，做到记录详细、全面、查找方便，为结构调整提供科学依据。

（五）抓好高产创建，提高单产水平

一是抓好高产创建地号的选择，要选择在科技示范带沿线，地块平整无减产区，面积连片有示范作用。二是抓好技术的统一组装，做到全程农艺标准、作业标准、管理标准三到位。三是抓好管理责任的落实，管理区主任是第一责任人，农业助理是生产技术第一责任人。高产创建地号必须有专人负责、专人调查、专人汇总，达到高产创建产量目标。

（六）加强基础建设，有效提高防灾减灾能力

第一，夯实基础设施建设。一是加快机械的更新，充分利用总局、管局及农场的政策，积极引进一些进口的配套机械，保证农艺发展需要；二是打建足够的晒场及库房；三是加强标准良田建设，全面提高土地的产出率。

第二，加强植保体系建设，建立健全测报队伍。以生物灾害监测预警为重点，进一步完善测报和预控体系建设，配齐配全植保专业技术人员，形成完整植保体系，把生物灾害损失控制在最低限度。

第三，增加投入，提升准确率，提高气象预报能力。提高气象站预报准确率，发挥温雨站的作用，加密温度、雨量观测密度。全天候跟踪灾害性天气。做到反应快速，信息畅通，做到迅速指挥好各管理区抵御灾害性天气与增雨防雹工作。

（七）加强测土配方施肥项目管理

继续推进农业部测土配方施肥项目建设。加快建立耕地质量预警信息系统，提供可靠的土壤养分分布情况。配齐人员，加强项目内业管理，提高操作能力，100%完成配肥站建设、配方施肥指导和配方肥应用工作。

（八）注重科技创新，推广应用农业新技术

（1）玉米、大豆100%采用110厘米高台大垄栽培模式。

（2）加快新技术应用在园区试验玉米育苗移栽覆膜滴灌综合组装技术的试验。

（3）在示范带上推广玉米滴灌技术、催芽断根播种技术、膜下滴灌技术。

（4）推广玉米、水稻叶龄诊断技术面积100%。

（5）推广水稻水控灌技术面积100%。

（6）全作物推广测土配方施肥技术。

（7）推广玉米应用肥料“缓释肥料技术”面积100%。

（8）全作物应用化控技术及航化健身防病技术面积。

（九）现代农业生产管理全面推行“八个统一”

生产统一指挥；机械统一作业；地号统一设计；作物统一换茬；措施统一制定；种子统一供应；病虫统一防治；机械统

一供油。

（十）抓好农业科技人才队伍建设、技术培训，提高全员素质

一是配齐配强农业技术管理人员队伍。管理区及居民组均配备一名农业专业技术及农机专业技术管理人员。从事农业生产工作，将新技术、新科技在一线迅速推广应用。二是按照科技园区建设方案要求组建科技推广服务队，做到新科技落实、新技术推广示范，更好地为职工服务。三是全面搞好基层人员及职工培训，特别是抓住农作物各生育阶段典型特点搞好现场教学，做到课堂与田间、理论与实践的有机结合，真正达到提高职工素质的目的。做到科学指挥生产，技术指导准确、到位。

二、突出抓好春季抗灾工作措施的准备

针对当年秋季农业生产形势，积极做好下一年春季各项生产准备工作。一是整地机械、播种机械的准备；二是提前准备备荒种子；三是春季几种地块的处理方式方法：①积雪较厚的地块，抓住回暖期进行化雪散墒；②只是深翻地块，采取早春耢地封墒，顶凌散墒，起垄夹肥、播种两次作业，一条龙完成；③已起垄未秋施肥地块，采取春季扶垄夹肥、播种两次作业，一条龙完成。

三、保证措施

（一）加强领导，落实责任，实现标准化再提升

各农场成立以农业副场长为组长的农业生产工作领导小组，领导小组下设办公室设在生产科，主任由科长兼任。各区组也要成立相应的组织机构，责任到人，奖罚到人。坚决做到事事有人管，扎实推进，量化责任目标追究制度，共同抓落实的局面，确保更好更快实现农业标准再提升。

（二）加大农业生产的资金投入力度

（1）科技资金的应用。全年计划科技资金使用额度为每亩

2元，主要用于科技示范带建设及科技园区建设。

（2）种子发展基金的应用。计划额度每亩0.5元，主要用于原种引进、良种的补贴、良种田间提纯复壮、农业示范区建设，此项费用种子管理局统筹使用55%，农业部门使用45%。

（3）飞机航化作业每亩收取航化作业费为每亩10元，该费用与土地承包费一并上交。

（4）培肥地力保证金及地号清理费每亩20元，与土地承包费一并上交。

（三）积极落实各项统供政策

重点强化农业生产“统”的功能，一个地号必须种植一个作物一个品种，坚决取消“花花田”；航化作业由生产科统一指挥。化肥、农药、种子、油料等主要生产资料由服务中心负责统供，玉米地预收350元/亩；大豆地预收190元/亩；经济作物预收120元/亩，这些费用由各区组负责与土地承包费一并收缴。

（四）构建农业人才支撑体系，为农场发展提供强有力保证

一是建立健全管理区、居民组农业技术队伍，培养一批精专业、会管理的基层科技人员队伍。二是要坚持引进和培养相结合的原则，不断充实农业队伍建设。三是加大培训和考核力度，并实行动态管理。执行理论考核和业务考核制度，做到优者上、劣者下，时刻保持农业队伍的活力。

第七章　农场主的机械管理

农业机械作业是农场进行现代化生产的重要保障，本章首先介绍了农业机械作业操作人员的管理，了解关于农业机械作业人员职业道德相关知识、职业守则，理解相关法律法规。其次重点介绍了农机仓库管理及农机更新与改造管理。再次重点介绍了农机培训和农机推广管理。在最后介绍了农机作业管理，重点介绍了农机标准化作业内容。

第一节　农业机械操作人员管理

农业机械是对农业生产中使用的各种机械设备的统称。例如，大小型拖拉机、平整土地机械、耕地犁具、耕耘机、插秧机、播种机、脱粒机、抽水机、联合收割机、卷帘机、保温毡等设备。要实现由传统农业向现代农业的转变，必须把先进适用的农业机械及时有效地应用于农业生产，这项工作始终是各级农机推广部门的主要任务。农业机械的驾驶操作人员相当一部分没有经过正规的培训，素质、技术水平参差不齐，很多人只会使用不会维修与保养，农业机械技术性能、经济性能和安全性能很难得到有效发挥，往往是小故障带来大事故，造成了一定的经济损失，也给农机安全生产带来了较大的隐患。对农业机械操作人员进行科学管理，可以更有效地利用农业机械。

一、农业机械操作人员职业道德基本知识

道德是一种社会意识形态，是人们共同生活及其行为的准则和规范。它以善恶、是非、荣辱为标准，调节人与人之间，个人

与社会之间的关系。它依据社会舆论、传统文化和生活习惯来判断一个人的品质，它可以通过宣传教育和社会舆论影响而后天形成，它依靠人们自觉的内心观念来维持。道德是提高人的精神境界、促进人的自我完善、推动人的全面发展的内在动力。一个社会是否文明进步，一个国家能否长治久安，很大程度上取决于公民思想道德素质。党的十八大报告指出："全面提高公民道德素质，这是社会主义道德建设的基本任务。要坚持依法治国和以德治国相结合，加强社会公德、职业道德、家庭美德、个人品德教育，弘扬中华传统美德，弘扬时代新风。"社会主义道德建设要坚持以为人民服务为核心，以集体主义为原则，以爱祖国、爱人民、爱劳动、爱科学、爱社会主义为基本要求。

职业道德是指从事一定职业的人员在工作和劳动过程中所应遵守的、与职业活动密切相联系的道德规范和行为准则的总和。职业道德包括职业道德意识、职业道德守则、职业道德行为规范，以及职业道德培养、职业道德品质等内容。要大力提倡以爱岗敬业、诚实守信、办事公道、服务群众、奉献社会为主要内容的职业道德。职业道德作为社会道德的重要组成部分，是社会道德在职业领域的具体反映。其特点是：在职业范围上，职业道德具有规范性；在适用范围上，职业道德具有有限性；在形式上，具有多样性；在内容上，具有较强的稳定性和连续性。学习和遵守职业道德，有利于推动社会主义物质文明和精神文明建设；有利于提高本行业、企业的信誉和发展；有利于个人品质的提高和事业的发展。

二、农业机械操作人员职业守则

农业机械操作人员在执业活动中，不仅要遵循社会道德的一般要求，而且要遵守农业机械操作人员的职业守则，其基本内容如下。

（一）遵章守法，爱岗敬业

遵章守法是设施农业装备操作人员职业守则的首要内容，

这也是由设施农业装备操作人员的职业特点决定的。遵章守法就是要自觉学习、遵守国家的有关法规、政策和农机安全生产的规定，时刻关注国家相关法规的制定与修订。使遵章守法成为一种职业习惯。爱岗敬业是指设施农业装备操作人员要热爱自己的工作岗位，服从安排，兢兢业业，尽职尽责，乐于奉献。各农场每年都集中对辖区内员工中进行多次职业道德集中教育，以提高员工爱岗敬业、遵纪守法的自觉性，增强凝聚力和战斗力，为建设一支“政治过硬，纪律严明”的职工队伍打下坚实基础。

（二）规范操作，安全生产

规范操作是指一丝不苟地执行安全技术、组织措施，确保作业人员生命和设备安全，确保作业任务的圆满完成。要有高度负责的精神，严格按照技术要求和操作规范，认真对待每一项作业、每一道工序，尽职尽责，确保作业质量，优质、高效、低耗、安全地完成生产任务。安全生产是指机具在道路转移、场地作业及维修保养过程中要保证自身、他人及机具的安全。

（三）钻研技术，节能减耗

设施农业装备操作人员要提高作业效率，确保作业质量，必须掌握过硬的操作技能来满足职业需求。钻研技术，必须“勤业”，干一行，钻一行，善于从理论到实践，不断探索新情况、新问题，技术上要精益求精。节能降耗是钻研技术的具体体现。在操作过程中采取技术上可行，经济上合理以及环境和社会可以承受的措施，从各个环节，降低消耗、减少损失和污染物排放、制止浪费，有效、合理地利用资源。

（四）诚实守信，优质服务

诚实守信是做人的根本，也是树立作业信誉，建立稳定服务关系和长期合作的基础。设施农业装备操作人员在作业服务过程中，要以诚待人、讲求信誉，同时要有较强的竞争意识和价值观念，主动适应市场，靠优质服务占有市场。在作业服务中，要使用规范语言，做到礼貌待客、服务至上、质量第一。

三、相关法律法规及安全知识

随着我国经济体制改革的不断深入，我国的经济发展正逐步走上法制化的轨道。与设施农业装备使用管理相关的法律法规有《中华人民共和国环境保护法》《农业机械促进法》《农业机械安全监督管理条例》《农业机械运行安全技术条件》和《农业机械产品修理、更换、退货责任规定》等，学习和掌握相关法规，不仅可以促进自己遵纪守法，而且可以懂得如何维护自己的合法权益。

（一）农业机械运行安全使用相关法规

《农业机械安全监督管理条例》全文共 7 章 60 条。农业机械操作人员可以参加农业机械操作人员的技能培训，可以向有关农业机械化主管部门、人力资源和社会保障部门申请职业技能鉴定，获取相应等级的国家职业资格证书。农业机械操作人员作业前，应对农业机械进行安全查验；作业时，应当遵守国务院农业机械化主管部门和省、自治区、直辖市人民政府农业机械化主管部门指定的安全操作规程。

农业机械事故是指农业机械在移动或者转移过程中造成人身伤亡、财产损失的事件。农业机械在道路上发生的交通事故，由公安机关交通管理部门依照道路交通安全法律、法规处理。在道路以外发生的农业机械事故，操作人员和现场其他人员应当立即停止作业或者停止农业机械的转移，保护现场，造成人员伤害的，应当向事故发生地农业机械化主管部门报告。造成人员死亡的，还应当向事故发生地公安机关报告。造成人身伤害的，应当立即采取措施，抢救受伤人员。因抢救受伤人员变动现场的，应当标明位置。

由国家质量监督检查检疫总局、国家标准化管理委员会发布 GB 16151—2008《农业机械运行安全技术条件》国家标准主要内容包括对农业机械整机、发动机、照明和信号装置及其他安全要求进行了修正和规定。

《农业机械产品修理、更换、退货责任规定》共八章及附则1。《农业机械产品修理、更换、退货责任规定》明确指出为维护农业机械产品用户的合法权益，提高农业机械产品质量和售后服务质量，明确农业机械产品生产者、销售者、修理者的修理、更换、退货（以下简称为“三包”）责任，依照《中华人民共和国产品质量法》《中华人民共和国农业机械化促进法》等有关法律法规，制定本规定。本规定所称农业机械产品（以下称农机产品），是指用于农业生产及其产品初加工等相关农事活动的机械、设备。在中华人民共和国境内从事农机产品的生产、销售、修理活动的，应当遵守本规定。农机产品实行谁销售谁负责“三包”的原则。销售者承担“三包”责任，换货或退货后，属于生产者。“三包”责任，包括“三包”有效期、“三包”的方式、“三包”责任的免除以及争议的处理。

（二）影响农机作业的其他法律法规

《中华人民共和国环境保护法》是为保护和改善生活环境与生态环境，防治污染和其他公害，保障人体健康，促进社会主义现代化建设的发展而制定的法律。

全文共6章47条。现将相关内容介绍如下，包括总则、环境监督管理、保护和改善环境、防治环境污染和其他公害、法律责任和附则。主要内容有：①适用范围包括大气、水、海洋、土地、矿藏、森林、草原、野生生物、自然遗迹、人文遗迹、自然保护区、风景名胜区、城市和乡村等。该法规定应防治的污染和其他公害有：废气、废水、废渣、粉尘、恶臭气体、放射性物质以及噪声、振动、电磁波辐射等。②通过规定排污标准，建立环境监测、防污设施建设的同时，缴纳超标准排污费等制度，保护和改善生活环境与生态环境，防治污染和其他公害。

（三）农业机械安全使用常识

在农业生产中，由于不按照农业安全操作规程去作业造成的农机事故占事故总数的60%以上。这些事故的发生，给生产、经济带来不应有的损失，甚至造成伤亡事故。因此，必须首先严格遵守有关安全的操作规程，确保安全生产。

1. 使用常识

（1）在使用农业机械之前，必须认真阅读农业机械使用说明书，牢记正确的操作和作业方法。

（2）充分理解警告标签，经常保持标签整洁，如有破损、遗失，必须重新订购并粘贴。

（3）农业机械使用人员，必须经专门培训，取得驾驶操作证后方可使用农业机械。

（4）严禁身体感觉不适、疲劳、睡眠不足、酒后、孕妇、色盲、精神不正常及未满18岁的人员操作机械。

（5）驾驶员、农机操作者应穿着符合劳动保护要求的服装，禁止穿凉鞋、拖鞋，禁止穿宽松或袖口不能扣上的衣服，以免被旋转部件缠绕，造成伤害。

（6）除驾驶员外严禁搭乘他人，座位必须固定牢靠。农机具上没有座位的严禁坐人。

（7）在作业、检查和维修时不要让儿童靠近机器，以免造成危险。

（8）不得擅自改装农业机械，以免造成机器性能降低、机器损坏或人身伤害。

（9）不得随意调整液压系统安全阀的开启压力。

（10）农业机械不得超载、超负荷使用，以免机件过载，造成损坏。

2. 农业机械行驶常识

（1）坡道行驶须减速慢行。超车、倒车时要观察周围车辆，准确预判。

（2）不要在前、后、左、右超过10°的倾斜地面上行驶。

（3）在坡地和倾斜地面上不能转弯。注意观察四周是否有隐蔽障碍物及行人通过。

（4）农业机械在坡上起步时，不松开制动器，先踩下离合器踏板，挂入低挡再缓慢接合离合器，待开始传动后再放松制动器，同时，注意油门的配合控制。

（5）农业机械出入机库，上下坡、过桥梁、城镇、村庄、涵洞、渡口、弯道及狭窄地段时，要低速行驶。事先了解桥梁的负荷限度、涵洞的高度及宽度、坡度的大小及渡船的限重等事项，确保安全后才能通过。

（6）避免在沟、穴、堤坝等附近的较脆弱路面上行驶，农业机械的重量可能导致路面塌陷造成危险。

（7）农业机械通过铁路时，事先要左右查看，确定无火车通行时再通过。农业机械行驶到铁路上要注意操作，防止熄火。

（8）在平滑路面上，操纵和制动力受到轮胎附着力的限制，在潮湿路面上，前轮会产生滑动，农业机械转向性能变差，应特别注意。

（9）夜间行驶时，须打开前照明灯，同时须关闭其他作业指示灯。

（10）在农业机械行进过程中，不得上下农业机械。

3. 农业机械配套农机具及田间作业常识

（1）农机具功率应与农业机械相匹配，不能使农业机械超负荷工作。

（2）农业机械田间作业前，驾驶员应先了解作业区的地形、土质和田块大小，查明填平不用的肥料坑、老河道、水池、水沟等并做好标记，以防农业机械陷车。

（3）农业机械作业时，操作人员不得离开机车，严禁其他人员靠近，女性操作人员工作时应戴安全帽。

（4）当农业机械倒车与农机具挂接时，农业机械和农机具之间严禁站人。

（5）农机具与农业机械动力输出轴连接时，应在传动轴处加防护罩。

(6) 当动力输出轴转动时，农业机械不能急转弯，也不可将农机具提升过高。

(7) 在犁、旋、耙、耕等作业中，对动力连接部位、传动装置、防护设施等应随时进行安全检查。

(8) 农业机械配带悬挂农机具进行长距离行驶时，应使用锁紧手柄将农机具锁住，防止行驶中分配器的操纵手柄被碰动，导致农机具突然降落造成事故。

4. 农业机械运输作业常识

(1) 非气刹机型严禁拖带挂车。

(2) 挂车必须有独立的符合国家质量和安全要求的制动系统，否则不能拖挂。

(3) 农业机械和挂车的制动系统必须灵活可靠，不能偏刹车。

(4) 牵引重载挂车必须采用牵引钩，而不能用悬挂杆件，否则，农业机械会有颠覆的危险。

(5) 出车前应对农业机械及挂车的技术状态进行严格的检查，特别是制动装置是否有异常现象，气压表读数是否达到“0.7 兆帕”，如果发现问题必须妥善处理后方可行车。

(6) 农业机械起步时要用低挡，注意挂车前后之间是否有人、道路上有无障碍物，并给出起步信号。

(7) 进行减速时，制动器不能踩得过猛。

(8) 农业机械转弯时，要特别注意挂车能否安全通过，不要高速急转弯。

(9) 农业机械上下坡要特别注意安全，不准空挡滑行或柴油机熄火滑行，要根据道路状况选择安全行驶速度，尽量避免坡道中途换挡。拖带挂车下坡时，可用间歇制动控制农业机械和挂车车速，否则容易失去控制，在挂车的顶推下造成翻车事故。

(10) 农业机械驾驶人员应严格遵守各项交通法规、条例。

5. 防止人身伤害常识

（1）注意排气危害。发动机排出的气体有毒，在屋内运转时，应进行换气，打开门窗，使室外空气能充分进入。

（2）防止高压喷油侵入皮肤造成危险。禁止用手或身体接触高压喷油，可使用厚纸板，检查燃油喷射管和液压油是否泄露。一旦高压油侵入皮肤，立即找医生处理，否则可能会导致皮肤坏死。

（3）运转后的发动机和散热器中的冷却水或蒸汽接触到皮肤会造成烫伤，应在发动机停止工作至少30分钟，才能接近。

（4）运转中的发动机机油、液压油、油管和其他零件会产生高温，残压可能使高压油喷出，使高温的塞子、螺丝飞起造成烫伤，所以，必须确认温度充分下降，没有残压后才能进行检查。

（5）发动机、消声器和排气管会因机器的运转产生高温，机器运转中或刚停机后不能马上接触。

（6）注意蓄电池的使用，防止造成伤害。

第二节　农业机械作业管理

一、农机标准化含义

农业机械作业管理离不开农业机械的标准化，农机标准化是指运用“统一、协调、简化、优选”的原则，通过制定和实施农业产前、产中、产后各个环节的农业机械作业工艺流程和衡量标准，使农机生产过程规范化、系统化，提高农业新技术的可操作性，将先进的科研成果尽快转化成现实生产力，取得经济、社会和生态的最佳效益。其核心内容是建立一整套农机作业质量标准和农机技术操作规程，建立监督检测体系，建立农机市场准入制度。

农机标准化以农业产前、产中及产后的管理服务为对象，以现代农业机械装备为载体，运用标准化原理、先进农业技术和现代管理手段，合理组织利用农机具，正确实施农机田间各项生产作业，科学利用水、肥、气、热等自然条件，为农作物提供生长发育的良好条件。农机标准化是农机结构调整和农机产业化发展的技术基础，是规范机械作业、保障安全生产、促进农业机械化发展的有效措施，是实现提高产量、降低成本、农业增效、农民增收的重要手段。农机标准化的主要内容是实现农机田间标准化作业。

二、田间作业管理含义及标准化设置

（一）田间作业标准化含义

农机田间标准化作业是农机标准化的重要组成部分，是促进农机结构调整和产业化发展的重要技术基础，是规范机械作业、保障安全生产、促进农业机械化发展的有效措施。农机田间标准化作业以提高农机从业人员素质为本，加强农机基础设施建设为基础，农机安全生产为保证，提高农业机械技术状态为重点，实现标准化的农机作业质量为目的，使农机作业达到优质、高效、低耗和安全的要求。农机田间标准化作业主要包括耕整地作业标准化、播种作业标准化、田间管理作业标准化、收获作业标准化。

（二）农机田间作业标准化设置

1. 什么是标准化作业

标准化作业不是单纯的田间作业方法问题，而是运用现代农业机械和先进的农业技术的管理手段，科学的组织农机田间作业的集中体现。实现农机田间标准作业不仅是生产领导者组织指挥艺术的体现，而且是对作业人员的实际操作本领及技术水平的考核和检验。所以，农机田间标准作业是对领导干部、技术人员及作业工人的劳动成果和业务水平的鉴别。农机田间标准作业的根本目的就是通过合理的组织，利用标准的农机具，正确实施农机田间各项生产作业，创造出最大限度的利用土壤、气候等自然条件的有利因素，克服不利因素，为农作物提供生长发育的良好条件，创高产夺取大丰收，取得较好的经济效益。因此，农机田间作业标准化建设的内涵是全作物、全过程、全面积实现标准化。

2. 农机田间作业标准化设置的内容

农机田间标准化作业包括多方面的内容，应全面推行标准化作业，在作业前、中、后严格执行标准措施，使标准化作业发挥最大的效能。农机田间标准化作业的基本内容包括以下 4 个方面。

第一方面是标准的农机管理。

标准的农机组织管理是实现标准化作业的手段。应调动劳动者的积极性，使农业措施形成制度化、标准化。农机管理者应认真做好技术示范和机具及作业质量的检查，可采用现场观摩、培训等方法，提高农机人员的水平。统一供给油料和农机配件，保证质量，优价供给。建立严格的激励机制，奖罚分明，对生产单位的管理人员采取黄牌制度，不合格的坚决免职。每年年初与各单位农机管理人员签订百分考核责任状，充分调动管理人员的积极性，使农机管理工作得到加强。

第二方面是标准的农机具技术状态。

农业机械技术状态是实施农机田间标准化作业的前提条件。农机具的技术状态关系标准化作业的质量，关系动力机的动力性能和经济性，影响农机作业的高效、安全和低耗。所以在农业机械作业前应具备标准的技术状态。

动力机械经常保持“五净、四不漏、六封闭、一完好”。五净：油、水、气、机械、工具净；四不漏：油、水、气、电不漏；六封闭：柴油箱口、汽油箱口、机油加注口、机油检视口、汽化器、磁电机要封闭；一完好：技术状态完好，动力和经济指标完全符合国家规定。作业机械达到“三灵活、六不、一完好”。三灵活：操作、转动、升降灵活；工作部件达到六不：不旷动、不松动、不钝刃、不变形、不锈蚀、不缺件；一完好：技术状态完好。

第三方面是标准的人员技术操作。

标准的人员技术操作是实现农机田间标准化作业的保证。农机人员的机械操作技术水平直接影响到作业质量的好坏，影响到机具的使用效率和保养。应多采取集中培训学习、经验交流、现场观摩、先进带后进等多种形式提高机手的技术水平，使其在作业中能达到标准的技术操作。

农机管理干部应具有中专以上的专业水平，现职农机管理干部要进行必要的知识更新培训。农机工人应做到“四懂四会”，四懂：懂机械构造原理、懂农机操作规程、懂农业生产知识、懂农机安全法规。四会：会操作、会保养、会维修、会调整。

第四方面是标准的作业质量。

“优质”是标准化作业的目的，是农机田间标准化作业的核心。作业质量标准是衡量操作标准和质量验收标准的依据。作业质量的标准应符合当地当时的农艺技术要求和保障良好的生态效益，以达到增产、稳产、提高土地产出率的目的。

农机田间标准化作业是农机标准化的重要组成部分，是促进农机结构调整和产业化发展的重要技术基础，是规范机械作业、保障安全生产、促进农业机械化发展的有效措施。农机田间标准化作业以提高农机从业人员素质为本，加强农机基础设施建设为基础，农机安全生产为保证，提高农业机械技术状态为重点，实现标准化的农机作业质量为目的，使农机作业达到优质、高效、低耗和安全的要求。农机田间标准化作业主要包括耕整地作业标准化、播种作业标准化、田间管理作业标准化、收获作业标准化。

（三）田间作业标准化管理实现途径

1. 科学化管理标准

管理也是一门现代化不可缺少的科学门类，管理可以出成果、出效益。先进的管理可以弥补技术装备上的不足，而落后的管理将使任何先进的农机装备也发挥不了作用。

首先是科学化的管理要靠标准化的管理人才。科学化管理标准要坚持以人为本，把提高农机技术人员管理的业务技术水平作为重点。这是全面实施农机标准化管理的良好基础。

其次是科学化的管理要有严格的组织机构。建立健全网络管理，保证农机管理组织结构的完整，并在此基础上提高工作效率。

最后是科学化的管理要有严格岗位责任制度做保障。制定各级农机技术管理人员岗位责任制（各级农机管理干部责任制附后）和田间作业标准化责任追究制度及措施。还要制定出《农业机械管理标准》《农业机械田间作业规程》《农业机械安全操作规程》等相关规定，这样能形成人人岗位明确、事事有准则、人人有约束。

2. 全面抓好农业机械技术状态质量标准

标准的农业机械是实现农机田间作业标准的基础。坚持农机具技术状态三制度二措施。从维护种植单位及个人和有机户的切身利益出发，确保农机具经常处于完好的技术状态下工作，应重点抓三制度：一是坚持机车双班保养制度，根据技术保养手册的具体要求，在有效地监督下，完成保养工作；二是坚持作业前农机具技术状态验收和张贴合格证制度，杜决无证机具参加作业；三是坚持预提农机具“技术”保证金制度。

3. 加大三库一场标准化建设

三库一场是农业机械的安身养息的修理场所，为进一步加强农机管理力度，实施农机“六统一、七加强”管理，加强农机基础设施建设，把农机机务区和“三库一场”建设成为机务工人之家，具有“四室”“四化”（即办公室、活动室、警卫室、淋浴室和绿化、美化、净化、围栏化）的标准。

4. 全面贯彻落实田间作业操作标准

农机田间作业操作标准的内涵：一是操作人的标准，二是作业操作规程的标准，三是各项操作措施的标准。

首先是操作人的标准。农机田间作业的各项活动过程，是由农机管理者和操作者去落实和执行，机械作业的效果和效益，是与机务队伍的素质密切相关的，把提高机务全员素质教育培训放在重要位置，要做到制度化、规范化。一是健全了培训管理机构；二是培训有完整的培训目的和培训计划；三是利用农闲和新技术应用现场演示会等多种形式，开办岗位和岗前的长短相结合的技能培训。

其次是作业操作规程的标准。一是认真执行安全操作规程，操作人要持证上岗，每项作业前到要进行的安全教育和安全签字率要达100%；二是作业的农机具要达标准，要张贴技术合格证；三是认真执行田间作业操作标准，从机组抓起，弄懂各项作业的农艺要求，搞好机组的合理编组，确定运行路线和地头作业方法，严格按照章程办事。

最后是各项操作措施的标准。除在每项作业前都要做好技术传授教育，讲解技术操作技能知识、作业规程外，进行岗位练兵，现场定标，组织优秀的驾驶员进行第一个行程作业的演示运行，作为标准尺杆。

三、农业机械跨区作业管理

（一）跨区作业含义及内容

农机跨区作业，即利用不同地区玉米、水稻等农作物耕种、成熟的时间差，组织农机器具开展跨越某一特定行政区域流动作业的服务。它是在生产实践中创造的一种新型农机社会化、专业化和市场化服务模式。农机跨区作业的发展，解决了农业机械化与农业经营不相适应矛盾，解决了农业劳动力季节性、局部性短缺的问题，探索出一条中国特色的农业机械化道路。

农业机械跨区作业主要包含接单、组队、机具运转、作业服务、服务反馈等服务内容。

（二）农业机械跨区作业的积极作用

1. 提高了农业机械化发展水平

农场和农场之间、农场与地方之间通过农业机械跨区作业能大大提高农场农业机械化利用率，利用率的提高会在一定程度上提高农业机械化的发展水平。

2. 解决了农户小规模经营与机械化大生产的矛盾

我国是农业发展大国，随着经济的不断变化与发展、改革开放的逐渐渗透，要想更好地提高我国的综合实力，就必须加以改革，尤其是针对农业而言，必须加快现代机械化的发展模式，只有这样才能从根本上改变我国农业落后的现状。农机跨区作业的提出，大大改善了以往的农业作业方式，提高了农民的收入，不仅仅满足了人们的生产生活需要，还调动了农民生产的积极性，处理了小规模生产与机械化大生产之间所存在的问题与矛盾，大大提高了农机的使用效率，避免了资源浪费现象的发生，为我国实现农业机械化、现代化、集约化的发展模式打下了坚实的基础。由此可见，农机跨区作业的发展趋势将带动整个农业的科技进步与发展，在未来的农业发展过程中，将起到越来越重要的作用。

3. 促进了农机服务产业发展

农机跨区作业的发展，不仅带动了一个地区的经济建设发展状况，更是加剧了其与外界之间的贸易往来，从而带动其他相关产业的发展。农机跨区作业的壮大，使得新的技术、新的理念不断地应用于农机作业中，真正地带动了农机整个服务行业的发展，并且逐渐形成一种产业性的支柱产业，带动了整个农机跨区作业发展的现代化发展模式。

4. 加快了农机新技术和新机具的推广

科技的不断创新与应用，大大提高了人们的生活质量，随着经济的快速发展，如何改善经济地区发展的不平衡性就成为了当前亟待解决的问题之一。随着农机跨区作业的不断完善与发展，越来越多的农民深刻地感觉到，要想促进自身的发展、获取更多的效益，就要不断地学习新的农机业务知识以及大力推广新农具机械设备的使用，从而加快其农业经济的发展，更好地满足于自身发展建设的需要，真正提高其生活质量。

（三）完善农业机械跨区作业标准化措施

1. 尽快规范跨区作业市场秩序

规范作业市场秩序是搞好跨区作业的当务之急。要解决这个问题，单单依靠农机部门的力量显然是不够的，必须在政府的统一领导下，各有关部门密切配合，协同作战，加大对道路交通和社会治安综合治理的力度，全面负责辖区内跨区工作的组织协调、秩序维护、调解纠纷等工作，保护参加跨区作业各方的正当权益，依靠制度创新，完善有关法规，逐步形成统一开放、竞争有序的跨区作业市场体系。

2. 完善跨区作业信息服务系统平台

及时、准确地发布农机供需信息是农机管理部门对跨区作业市场进行管理与调控的重要举措。跨区作业的组织者最缺乏的不是资金和人员，也不是机器和技术，而是作业市场的供需信息。各级农机管理部门应当在跨区作业期间做好市场信息的整理、汇总工作，及时将信息输入网络——“跨区作业直通车”，保证跨区作业市场信息的真实性和时效性，及时为广大农民和机手免费提供有效的信息服务，引导作业机械有序流动，避免跨区作业的农机扎堆，贻误作业时间。同时，要逐步推广网上协议等先进的签约方式，降低跨区作业的交易成本，促进跨区作业市场的供需平衡。

3. 完善农机养护维修配套设施和农机保险

跨区作业环境恶劣、作业任务重、时间长，作业机器难以得到及时保养维修，因而有必要在主要农机流入区建设农机维护配套设施，可以为作业机手提供有效服务。在非跨区作业时节，该配套设施也能服务于当地有机农民，有效促进当地农户购机积极性。同时，长期大量高强度作业使得机手时常疲劳，所以很容易导致农机安全生产事故的发生。为保障人民群众财产安全，机手参加跨区作业时必须办理农业机械、驾驶操作人员及第三者责任保险，一旦发生事故或其他突发性事件，应及时报案，由有关部门做好现场勘查、责任认定和赔付损失等工作，最大限度地降低意外事故可能带来的损失，以推动跨区作业又好又快发展。

第八章　农场主的人力资源管理

第一节　农场人力资源的招聘与甄别

从学科上来说，招聘是招募和聘用的总称，指为企事业组织中空缺的职位寻找合适的人选。招聘最重要的是3项工作：招募、甄选、聘用。所以招聘就是招募、甄选、聘用的总称。

一、员工招聘程序和途径

（一）农场招聘员工的程序

1. 制订招聘计划

根据人力资源规划来制定，具体内容包括确定本次招聘目的、描述应聘职务和人员的标准和条件、明确招聘对象的来源、确定传播招聘信息的方式、确定招聘组织人员、确定参与面试人员、确定招聘的时间和新员工进入组织的时间、确定招聘经费预算等。

2. 发布招聘信息

是指利用各种传播工具发布岗位信息，鼓励和吸引人员参加应聘。在发布招聘信息时主要应注意信息发布的范围、信息发布的时间、招聘对象的层次。

3. 应聘者提出申请

应聘者在获取招聘信息后，向招聘单位提出应聘申请。应聘申请通常有两种：一是通过信函向招聘单位提出申请，二是直接填写招聘单位应聘申请表（网上填写提交或到单位填写提交)。应聘者应提供的资料包括应聘申请表、个人简历、各种学历的证明包括获得的奖励、证明（复印件)、身份证（复印件)。

4. 接待和甄别应聘人员（也叫员工选拔过程）

其实质是在招聘中对职务申请人的选拔过程，具体又包括如下环节：审查申请表，初筛，与初筛者面谈、测验，第二次筛选，选中者与主管经理或高级行政管理人员面谈，确定最后合格人选，通知合格入选者做健康检查。此阶段一定要客观与公正，尽量减少面谈中各种主观因素的干扰。

5. 发出录用通知书

招聘单位与入选者正式签订劳动合同并向其发出上班试工通知的过程。通知中通常应写明入选者开始上班的时间、地点与向谁报到。

6. 对招聘活动的评估

对本次招聘活动作总结和评价，并将有关资料整理归档。评价指标包括招聘成本核算和录用人员评估。

7. 签约

当然以上仅是员工招聘的一般程序，组织宜根据自身实际情况对其中的某些环节进行简化，以提高招聘效率和效果。

（二）员工招聘的主要途径

主要包括以下途径：①人才交流中心；②招聘洽谈会；③传统媒体；④网上招聘；⑤校园招聘；⑥员工推荐；⑦人才猎取。

二、员工甄选的程序

甄选即选拔，就是采用科学的人员测评方法，挑选具有资格的人来填补职务空缺的过程。甄选的过程安排直接影响到人员面试和招聘的总体效果，因此，需要根据实际情况认真安排。特别是农场一般地处偏僻区域，交通不便，信息流通不如城市发达，因此，无论是对农场还是应聘者，实施一次招聘活动都实属不易，所以应尽量认真安排甄选的程序，避免因甄选程序给招聘活动带来不利影响。一般情况下，甄选程序包括 9 个环节，农场可以根据实际情况进行安排。分别为应聘接待；事前交谈和兴趣甄别；填写申请表；素质测评；复查面试；背景考察；体格检查；试用；正式签约。

三、员工面试、测试的主要方式

（一）员工招聘面试的主要方式

从面试的组织形式来看，可分为结构性面试、非结构性面试、压力面试。

1. 结构性面试

结构性面试指在面试前，已设立面试内容的固定框架或问题清单，主考官按照这个框架对每个应聘者分别作相同的提问，并控制整个面试的进行。结构性面试由于对所有应聘者均按同一标准进行，因而能减少面试的主观性，但由于结构性面试过于僵化，难以随机应变，因而所收集信息的范围受到限制。

2. 非结构性面试

非结构性面试前无须做面试问题的准备，主考官只需掌握组织、职位基本情况，因而非结构性面试灵活自由，问题可因人、因情境而异，可得到更有用的信息，但由于此方法缺乏统一标准，因而易带来偏差，同时对主考官要求较高，要求主考官具备丰富的经验与很高的素质。

3. 压力面试

压力面试在面试一开始就给应聘者提问攻击性问题，用于了解应聘者承受压力、情绪调整及应变能力。

（二）员工招聘测试的种类

测试也叫测评，是在面试基础上进一步对应聘者进行了解的一种手段，包括心理测试与智能测试，因而它可以检测应聘者的能力与潜力，消除面试中主考官的主观因素对面试的干扰。

1. 心理测试

职业能力倾向测试是指测定从事某项特殊工作所应具备的某种潜在能力的一种心理测试。它能预测应聘者在某职业领域中成功和适应的可能性，或判断哪项工作适合他。职业能力倾向性测试，包括普通能力倾向测试、特殊职业能力测试、心理运动机能测试。

个性测试：通过个性测试，组织有望找到一个既有才干，又更具个性魅力的候选人。对应聘者个人而言，可以发现自己具备的个性和与之相适应的工作性质。个性测试主要有自陈式测试和投射测试。

价值观测试：是指通过对应聘者道德方面如诚实、质量和服务意识等价值观的测试，来深入了解应聘者的价值取向，作为选拔录用的一种补充性依据。

职业兴趣测试：从艺术取向、习俗取向、经营取向、研究取向、现实取向、社交取向等方面测定应聘人员的职业兴趣，从而了解应聘者想做什么和喜欢做什么。

2. 智能测试

主要体现为知识考试，主要通过纸笔测验的形式对被测试者的知识广度、知识深度和知识结构了解的一种方法。其种类主要有百科知识考试、专业知识考试、相关知识考试等。

四、评价中心及其常见形式

（一）评价中心

人员测评中的两种基础，一种是心理测验，另一种是面试。除了这两种之外，实际上还有一种也比较重要，就是评价中心技术。评价中心，有的人把它认为是一种评价中心机构，还有的把它理解为一个地名。实际上这个中心是指评价、测评管理为主的一种活动测评形式，是多种测评形式的组合，这个组合的中心是以评价管理能力为中心的。评价中心，是一种程序，它是主要针对特定的目标与标准，采用多种评价技术评价被试的各种能力，它是以测评被测的管理素质为中心的一组评价活动。

（二）评价中心主要的形式

（1）文件筐形式。就是把某一个招聘职位上经常要处理的一些文件，比较经典地选择出来，做成几个分散的筐。例如，三四个或五六个人都想应聘某个职位，就进行抽签，抽到哪一个筐就在哪一个筐。限制在一定时间内完成，像有的筐里面，包括投诉、电话记录、报告，所有来应聘管理职位的人员，对以上问题怎么处理，把意见写在上面，然后把这个筐交给专家来分析，最后，就看谁的管理能力较强。文件筐形式的测评相对比较方便。

（2）小组讨论。小组讨论分两种，一种是有人小组讨论，一种是无人小组讨论。有人的小组讨论，一般来讲，像五六个应聘者，大家坐在一块儿，都是指定的，例如，应聘者是组织会议的人，其他是参加会议的人，那结果就看应聘者怎么表现。应聘者半个小时表现完了，就轮到第二个人，那么结果就是让大家轮流一遍。最后大家都当过组织者，也当过被组织者，然后综合比较。评价的专家一般在隔壁通过电视传输，对几个应聘者分析、评价，得出各自的分数。

无人小组讨论。对于应聘者来说大家的地位都是平等的，在这种情况下，看谁能够对会议的主题或要解决的问题取得一个比较好的方案。无人小组讨论的会议一般具有两难性。例如，讨论分配一笔奖金的问题，来应聘的5个人分别来自5个单位，5个人来开会的目的之一，就是要为各自的单位争取一些奖金，因为5个人是代表总部或总公司来的，所以要公平、合理。在这种情况下，如果应聘者提出的方案较易接受，那就意味着其所在单位可以多拿些奖金，其他单位就少一些。那么其他人肯定就反对。如果应聘者方案没有一定的说服力，没有一定的可行性，一般对方是不会接受的。所以在这种情况下，谁的方案较为大家所承认、所接受，那么就说谁具有领导才能。这种小组讨论为什么能够作为选拔的方法？是因为农场的组织管理大部分都是通过会议来实现。

（3）管理游戏，就是把管理活动当中带有一些活动游戏的形式出现。例如，一个游戏，游戏中有不同的方案，当应聘者选定某一个方案的时候，另外两个作为辅助测试的人，一个反对，一个不支持，这个时候就看应聘者怎么办，怎样把反对的人说服，怎样把不支持的人调动起积极性。

（4）背景分析，通过档案，对应聘者过去的经验背景确认，看这个人能否适合该岗位的要求。在背景分析里面带有一种量化分析、一种定性分析。量化分析是指对样本分析后对不同的信息赋以不同的分数。定性分析是通过比较定义来进行判断。这种背景分析有效，是根据人的素质的过程鉴定，鉴定出其素质水平的高低。这种方法在农场很常用，特别是对职位比较高的岗位，这种方法显得比较重要。除了这 4 种方法外，还有比率分析、会议讨论等方法。

第二节　农场员工培训

一、员工培训的内容和种类

（一）培训的内容

职业技能：基本知识技能和专业知识技能，重点是专业知识技能。

职业品质：包括职业态度、责任感、职业道德、职业行为习惯等，必须与农场文化相统一。

1. 农场文化的培训

农场文化的培训主要是针对新进入农场的员工而言。可以看作是对新员工的“岗前培训”或“上岗引导”活动。农场文化培训结合农场文化的构成又分为以下几部分。

农场文化精神层次的培训：参观厂史展览，请先进人物宣讲农场传统，请农场负责人讲解农场目的、农场宗旨、农场哲学、农场精神、农场作风、农场道德。让新员工清楚地了解农场提倡什么、反对什么，应以什么样的精神风貌投入工作，应以什么样的态度待人接物，怎样看待荣辱得失，怎样做一名优秀职工。

农场文化制度层次的培训：组织新员工认真学习农场的一系列规章制度，以及与生产经营有关的业务制度和行为规范等。在学习的基础上组织新员工讨论和练习，以求正确地理解和自觉地遵守这些行为规范。

农场文化物质层次的培训：让新员工了解农场的内外环境、厂容厂貌，部门和单位的地点和性质，农场主要产品品牌、商标，以及声誉和含义，及其反映的农场精神和农场传统。

通过农场文化培训，使新员工形成一种与农场文化相一致的心理定势，以便在工作中较快地与共同价值观相协调。

2. 能力的培训

在员工的培训中，能力培训非常重要。一般将员工的能力分为3种，即技术技能、人际关系能力、解决问题能力以及工作态度。

技术技能的培训：就是通过培训提高职工的技术能力，不论是管理人员，还是普通工人，都要进行技术技能的培训。来自一个领域的工程师在进入另一领域时，必须接受新领域的培训。

人际关系能力培训：就是通过培训提高人际合作交往能力。几乎所有职工都是某个工作群体的一员，每个人的工作绩效多多少少都依赖同事之间的通力合作，这就需要学会理解，学会人际沟通，减少彼此的冲突。通过培训，使职员之间建立协作精神，建立起以公司为家的集体主义精神。

解决问题能力培训：就是通过培训，提高发现和解决工作中出现的实际问题的能力。培训计划可包括加强逻辑推理能力，找出问题，探讨因果关系，以及挑选最佳解决问题的办法等技能的培训。能力的培训对于管理人员来说尤为重要，是其能力培养的核心。解决问题的能力具体又体现为七种素质，即发现问题、分清主次、诊断病因、拟定对策、比较权衡、做出决策、贯彻执行。

3. 员工态度的培训

员工的工作态度也是能力的一个极为重要的方面，因此，有必要把工作态度作为能力的一个因素，并且必须结合培训以外的其他工作来加以解决。通过员工态度培训，建立起公司与员工之间的相互信任关系，培养员工对公司的忠诚，培养员工应具备的精神准备和态度。

（二）培训种类

岗前培训：主要指以农场新录用的员工为对象的培训。

在岗培训：指员工在不脱离工作岗位的情况下，由部门经理、业务主管，或者由其他经验丰富、技术过硬的员工进行的定期或不定期的业务传授和指导。

离岗培训：指离开工作岗位去学习所在岗位的工作技能。

员工业余自学：自费学历教育、自费进修或培训、自费参加职业资格（技术等级）的考试及培训。

二、员工培训原则和作用

（一）员工培训的原则

有效激励原则：培训的对象既然是组织的员工，就要求把培训也看作是某种激励的手段。在现代农场中，培训已成为一种激励手段，一些农场在招聘员工的广告中明确告知，员工将享受到培训待遇，以此来增加农场的竞争力。

个体差异化原则：公司从普通员工到最高决策者，所从事的工作、创造的绩效、能力和应当达到的工作标准各不相同，所以员工培训工作应充分考虑他们们各自的特点，做到因材施教。也就是说要针对员工的不同文化水平、不同的职务、不同要求以及其他差异，区别对待。

注重提供实践机会的原则：培训的最终目的就是要把工作干得更好。所以，不能仅仅依靠简单的课堂教学，更要为接受培训的员工提供实践或操作的机会，使他们通过实践，体会要领，真正地掌握要领，在无压力的情况下达到操作的技能标准，较快地提高工作能力。

反馈培训效果：在培训过程中，要注意对培训效果的反馈。反馈的作用在于巩固学习技能、及时纠正错误和偏差，反馈的信息越及时、准确，培训的效果就越好。

培训目标明确的原则：为接受培训的人员设置明确且具有一定难度的培训目标，可以提高培训效果。培训目标设得太难或太容易都会失去培训的价值。所以，培训的目标设置要合理，适度，同时，与每个人的具体工作相联系，使接受培训的人员感受到培训的目标来自于工作又高于工作是自我提高和发展的延续。

促进员工个人职业发展的原则：员工在培训中所学习和掌握的知识、能力和技能应有利于个人职业的发展。作为一项培训的基本原则，它同时也是调动员工参加培训积极性的有效法宝。

培训效果延续性的原则：培训效果一定要延续到今后的工作中去。这一原则尤其要强调，公司对于那些已经接受培训的员工如何使用，以及如何发挥他们已经掌握的技能，其中最有效的办法是给他们更多的工作机会、更理想的工作条件。而对其中确有工作能力、真正优秀的员工，应委以重任，直至为他们提供晋升的机会。

（二）员工培训的意义和作用

一是适应环境的变化，满足市场竞争的需要。现代社会复杂多变，发展日新月异。市场的不断开拓、科技的不断进步、社会价值观念的变化以及新的思维方式的不断出现，使得外部环境对于农场来说充满了机会和挑战。农场必须能够适应这种环境，而这就依赖农场的高素质员工队伍。培训可以使员工更新观念，保持对于外界环境的警觉和敏锐反应，进而使得农场在环境变化之前做好准备和应对措施，始终处于市场的领先地位。二是培训可以提高管理人员的管理决策水平。三是培训可以提高员工素质。从理论上来说，员工培训有利于农场人力资源素质的提高，农场的长远发展不只是依靠设备先进、产品优质、技术领先，它更依赖于具有创造力的高素质的员工，这些员工对于农场的管理、运营和服务使农场长期生存并得以发展的根本。四是培训可以为员工的自身发展提供条件。如增长才干，增加收入，为晋升创造了条件，提高职业安全感。

三、员工培训的组织实施

（一）培训需求分析

（1）任务分析。通过任务分析来确定培训需求，就是通过分析要确定每一个岗位到底做哪些事，做这些事的人需要具备什么样的素质，然后又根据在岗的这些人，他们具备哪些素质，然后这两者比较确定它们是否有差距。如果有差距，当这个干事情的人的素质低于完成岗位做事情的人的要求的时候，我们就对他进行培训。这个就是我们培训的重点，这个由通过任务分析来确定。

（2）绩效分析。通过绩效分析来确定培训需求，就是通过绩效考评，对于没有达到标准，没有完成任务，或存在这样或那样的不足的人进行全方面定位。通过绩效分析，如果发现被分析者的资质、技能、能力、品性不到位，与我们岗位要求有差距时，我们要对其进行培训。

（3）行政性的需求分析。就是说目前这个人基本上符合岗位要求，但我们考虑到这个岗位的变化和将来的发展，我们要让他做好准备，因为岗位的工作要求一提高，他就不能适应岗位要求。

（二）培训计划的制订

（1）培训对象。作为培训计划的制订，这里面我们是说，主要是在计划里面明确培训对象，通过培训点查找要确定的培训对象。

（2）培训目标。培训目标要达到标准的要求，达到完成任务的要求，要达到未来工作的要求，我们说就以这个为标准来确定培训目标。

（3）培训时间。培训的时间要跟被培训者商量，不能在他们忙的时候进行，这样就影响整个组织的绩效。

（4）培训实施机构。培训的机构，一般能组织内部解决就组织内部来解决，如果组织内部解决不了，那就要聘请相应的机构，总的来说，我们以达到质量为要求，同时也考虑到成本，通过对这两者的综合考量，确定进行内部培训还是外部培训。

（5）培训方法、课程和教材。培训的方法、课程和教材，要根据培训的质量要求来确定。

（6）培训设施。培训的设施，根据培训本身的内容形式来选定，要在培训计划里面有所体现。

（7）培训效果评估。培训效果评估的问题，通常也有几种，一种是考虑到培训的效果，即它最后形成的是什么，如果是资质，那么就由培训之后的考试来评估。如果是技能，可能要通过将来在工作中的实验观察来评估。同时要求做到事后跟踪，如对主管人员岗位的使用者的调查了解来评估。

（三）培训的课程设计

培训的课程设计，要求根据培训的目标、内容、教材、模式、策略、评价、组织、时间、空间 9 个因素，对 9 个要素采取不同的方式，做出不同的处理，通过对这些要素的不同选择和处理，可以设计出各种不同的课程。

课程培训还要特别注意以下几点。

1. 课程培训的效益和回报

2. 培训对象的特点

（1）在职性。培训中要注意做到：不能脱离工作与劳动，专业设置要强调实用；选用教材要精；学制尽可能缩短；学习的形式和方法要灵活多样；教学活动和内容既要有较为系统的理论指导，更要与劳动实践相结合。要注意以下两点：一是在学习内容上，如果实用性和针对性不强，满足不了职工希望能学以致用的目的，他们的学习兴趣就不大，缺乏学习的动力；二是在教学方法上，一些学员由于多年来从事一线工作和劳动，实践经验往往比教师还丰富，若教师只是机械地照本宣科，也不会引起学员的兴趣。

（2）成人性。年龄可能较大，记忆力有可能减弱；学习目的明确，不希望仅仅是空泛地谈理论，而是期望理论联系实际，以求学以致用；各种干扰因素较多，容易分散精力；理解力强，容易触类旁通，举一反三，结合实际应用效果好。

3. 培训课程与岗位的相关性

4. 最新科学技术手段的发挥

（四）员工培训常用的主要方法

方法很多，有参观访问、影视法、案例分析、讨论会、商业游戏、程序化教学、角色扮演、敏感性训练、岗位训练、事务处理训练、工作轮换、电子培训法等。目前常用的有讲授法、案例分析法、研讨法、角色扮演培训法。

1. 讲授法（程序化教学）

其基本思想就是借用学校教学的方法，将学员集中在一起，讲授所要培训的知识、技能，跟学校的教学完全一样。随着教学技术的进步，程序化教学的效率也在进一步提高。在实际中，大多数农场在员工培训时，采用的第一方法就是程序化教学，主要原因是它做起来比较轻松，而且还有许多优点，例如比较经济、有效、有利于发挥集体作用、学员间相互激励学习等。程序化教学法的缺点：它本质上是一种单向性的思想传授方式、缺乏互动性，学员往往不是主动参与而是被动接受，仅仅借助语言媒介，因而不能使学员直接体验知识和技能。

2. 案例分析法

又称案例分析法，它是围绕一定的培训目的，把实际中真实的情景加以典型化处理，形成供学员思考分析和决断的案例，通过独立研究或者相互讨论的方式来提高学员的分析及解决问题的能力的一种培训方法。案例培训法属于亲验性学习的一种，学员能通过自己亲身的、直接的经验来学习，所学到的是第一手的经历与技能。实践表明，这种方法的优点是：能明显地增加学员对公司各项业务的了解，培养学员间良好的人际关系，提高员工解决问题的能力，增加公司的凝聚力。

3. 研讨法（讨论法）

研讨法也叫讨论法，主要是就某个培训主题召集受训人员，大家展开广泛而深入的讨论，使受训人员在讨论中运用所学过的知识达到互相学习、分享观点的培训效果。讨论法又可分为分组讨论法、沙龙讨论法和集体讨论法等。讨论法的作用表现在以下几个方面。第一，通过交流和讨论，可以使学员进一步理解所学过的知识，对原有的疑问有一个清楚、正确的认识，并体验如何运用抽象的知识。第二，可以训练学员的思维方式。利用讨论会等方式，可以使学员学会用辩证的观点分析和解决问题，激发学员的探索、批判精神和逻辑思维活动。第三，有助于培养学员的综合能力。讨论会要求学员综合运用所具有的各种知识、技能、经验，这就在无形之中培养了员工的综合能力。第四，有助于培养科学精神和成熟程度，使员工及时发现自己的缺点和不足。在讨论中，学员通过积极参与不同观点的争论，学会了如何尊重别人、倾听他人的意见、吸取他人的合理因素，同时，也学会了正确地对待他人对自己行为的反应，以及如何充分利用大家的力量来达到一个共同的目的。第五，有助于提供运用所学知识和原理的机会，引起进一步学习的驱动力。要在讨论中得到好效果，学员必须广泛运用已经学过的知识和原理，从而使得学习动机和动力更为强烈。总之，讨论法具有其他培训方法难以替代的作用，它致力于培养学员独立钻研的能力，又允许学员相互提问、探讨和争论，所以可以使员工从培训中获益匪浅。

4. 角色扮演培训法

也称之为情景模拟法，具体做法是根据培训主题，给受训员工提出一组情景，要求一些成员担任各种角色并出场演出，其余人在下面观看，表演结束后进行情况汇报和总结，扮演者、观察者和教师共同对整个情况进行讨论。该方法的精髓在于它不是针对问题相互对话的，而是针对问题采取某种实际行动，从而提高学员的实际处理问题的能力和水平。它给学员提供了一个机会，在一个逼真而没有实际风险的环境中体验、练习各种技能，而且能够得到及时的反馈，因此该方法是最有效的培训方法之一。在实际运用中，角色扮演培训法特别适用于人际关系的培训，除此之外，还可以用来教会员工如何在课堂上交换自己的研究心得。

5. 网上培训的兴起

培训新技能是农场核心竞争力的关键。然而，指定培训常常成本高昂、速度缓慢并且效率不高，此外，它还使人们不得不脱离开自己的工作。近年来，网上培训（E-learning）能解决这一问题，网上培训的基本模式就是指通过网络及有关的计算机软件进行技能和知识的培训和学习，学员通过网络观看影片和示范、阅读学习性的电子书籍。目前，网上培训具备了新媒体的所有功能，包括音频、交互式动画，还有大量的幻灯片。但农场的人力资源部门必须认识到，单纯追求潮流是不够的，必须考虑网上培训的目的，并设计网上培训方案及其限制条件。

第三节　农场员工绩效管理

员工绩效考核，是指考评者在一定的目的与思想指导下，运用科学的技术方法，依据一定的考核标准，对员工及其相关工作进行事实评判或量值与价值评判的过程。员工绩效考核，也称绩效考评，严格地说，绩效考评与员工绩效考核是有区别的，绩效考评主要注重工作完成的结果，是否达到预定的要求，范围界定比较窄；而员工绩效考核的面比较广，既包括绩效考评，同时也包括素质、能力的考评，可以说是一种广义上的绩效考评。管理本身就是一个过程，同时管理是通过这个过程来达到相应的结果。所以从管理本身来讲，员工绩效考核会更合适。

一、员工绩效考核的作用与类型

（一）员工绩效考核的作用

1. 员工绩效考核是人员任用的依据

人员任用的标准是德才兼备，人员任用的原则是因事择人、用人所长、容人所短。要想判断人员的德才状况、长处短处，进而分析其适合何种职位，必须经过考核，对人员的政治素质、思想素质、心理素质、知识素质、业务素质等进行评价，并在此基础上对人员的能力和专长进行推断。也就是说，员工绩效考核是“知人”的主要手段，而“知人”是用人的主要前提和依据。

2. 员工绩效考核是决定人员调配和职务升降的依据

人员调配前，必须了解人员使用的状况、人事配合的程度，其手段就是进行考评。通过全面、严格的考核，发现员工的素质，进行合理的晋升或降低，更好地调配农场的人员。

3. 员工绩效考核是进行人员培训的依据

人员培训是人力资源开发的基本手段，但培训应有针对性，针对人员的短处进行补充学习和训练。因此，培训的前提是准确的了解各类人员的素质和能力，了解其知识和能力结构、优势和劣势、需要什么、缺少什么。同时，考评也是判断培训效果的主要手段。

4. 员工绩效考核是确定劳动报酬的依据

按劳分配是公认的农场员工的分配原则，准确地衡量“劳”的数量和质量是实行按劳分配的前提。没有考核，报酬就没有依据。

5. 员工绩效考核是对员工进行激励的手段

奖励和惩罚是激励的主要内容，奖罚分明是人事管理的基本原则。要做到奖罚分明，就必须科学地、严格地进行考核，以考核结果为依据，决定奖或罚的对象、等级。

6. 员工绩效考核是平等竞争的前提

建立社会主义市场经济，需要鼓励农场竞争，也需要在农场内部鼓励员工之间进行平等竞争，创造“比、学、赶、帮、超”的良好气氛。

总之，具有高水平的员工绩效考核，会提高农场的竞争优势。良好的考评制度可以保证农场依法行事，更能提高人力资源管理水平的提高。

（二）员工绩效考核的类型

（1）诊断性考评。通过员工绩效考核，可以了解员工的素质和工作分析中存在的问题及其原因。

（2）竞争性考评。主要确定谁干得好、谁干得不好、谁干得多、谁干得少，为人力资源部门发工资、提奖金、评优等提供依据。

（3）评价性考评。评价性考评是指总结性的考评，一个绩效周期完成之后，对其进行全方位的考评，属于一种总结性的考评。

员工绩效考核和员工人员的测评，这两种也是有区别的，员工的测评是对还未上岗人员之前的素质的确定、分析、预测，将来能不能达到工作的要求，是绩效的一种预测。而员工绩效考核是对员工干完事情之后，对其绩效成果的一种确认，形象地说，测评实际上是"事前诸葛亮"，而考评相当于"事后包公"，"诸葛亮"预测问题准确性高，而"包公"则是事情发生后处理得公正、公平。

二、员工绩效考核内容、程序和主体

（一）员工绩效考核内容

德、能、勤、绩。

（二）员工绩效考核的程序

①规划、设计；②组织、动员；③技术准备和人员培训；④收集绩效信息、填报表格；⑤审核；⑥分项统计与评定；⑦信度检验；⑧处理与排序；⑨考评结果的确认和通告；⑩结果运用。

（三）员工绩效考核的主体

①直接上司；②同级同事；③下属；④员工自评；⑤客户评价；⑥360°绩效考评。

三、员工绩效考核指标的设计及原则和方法

（一）员工绩效考核指标的标准设计

考评指标包括要素、标志、标度。考评要素是考评的对象，是考评的基本单位；考评标志是揭示考评要素的关键可辨别特征，考评标度是指考评要素或要素标志的程度差异与状态的顺序和刻度，可以用数量来揭示，也可以用等级来揭示，还可以用语言来揭示。例如，用等级来揭示，有时候会用A、B、C、

D、E；用语言来揭示，有杰出、优秀、良好、一般、较差。例如，仪表作为考核的标度，也可以通过语言来描述，一是是穿戴整洁，二是有风度、潇洒，三是随意、干净。表 8-1 和表 8-2 列出了考核标准量。

表 8-1　考核标准量

考评要素	考评标志	考评标度		
逻辑思维能力	回答问题层次是否清楚	清楚	一般	混乱
	论述问题是否周密	周密	一般	不周密
	论点论据照应是否连贯	连贯	—般	不连贯

表 8-2　考核标准量

考评要素	考评标志	考评标度				
协调性	合作意识怎么样见解想法是否固执自我本位感强不强	优	良	中	可	差

（二）指标设计的原则

（1）同值性原则。要求指标内容与标志特征与考评的对象特征相一致。例如，我们用尺子只能量测长短、高低，但不能测量重量。重量与长度两者不同值。用尺度量身高是可取的，因为高度也是一个长度的概念。

（2）可考性原则。设立的指标要能够辨别。如“工作经验”，用“实际工作年限”就容易操作。

（3）普遍性原则。就是说，我们设计的角度不是只对某一个角度来设，而对其他角度也要来设计。

（4）独立性原则。指标之间不要相应重复、交叉。

（5）完整性原则。考评的对象要能涵盖考评的各方面特点。

（6）结构性原则。指标体系要有条件、过程、结果三方面的指标，不要支离破碎，要相辅相成。

（三）指标设计的方法

（1）对象分析法。即根据考评对象的分析结果拟定一些考评要素。

（2）结构模块法。就是指通过结构的分析来确定指标的内容。

（3）榜样分析法。就是找几个典型，包括干得好的、干得不好的，找他们来调查咨询，鉴别指标的合理性。

（4）调查咨询。通过对有关人力资源管理者、考评专家甚至被考评者，进行广泛的调查与咨询，搜集有关考评要素。

（5）“神仙”会聚法。请专家学者或管理人员，无顾忌、无干扰地提出各种考核要素。

（6）文献查阅法。是指从相关的文献资料中去查询有关的考评要素，利用现有的文献资料来建构相关的指标体系。

（7）职务说明书查阅法。是指有些职务说明书里面有相关的职务要求，从中查找之后确定内容。

四、员工绩效考核的实施方法与反馈

（一）员工绩效考核的方法

1. 印象评判法

一些小公司对属下的工作比较熟悉，对下属的绩效如何十分清楚，这种情况下，采用印象评判法。对员工排序或划分等级，操作简便。

2. 相对比较评判法

对先前印象有偏差时，宜使用相对比较法。

相对比较法细分，又可有以下几种。

（1）代表人物比较法。我们可以从整体上找代表，可以从分向上找代表。整体上找代表的情况为，例如，一个班里面有20个员工。在员工里面，找一个认为干得好的，找一个干得一般的，找一个干得较差的。然后剩下的 17 个人对照以上 3 个人进行比较。接近于好的，我们就把他评为好，接近于差的就把他评为差，接近于中的就把他评为中。分向上找代表是指从态度方面找，态度好的就评为好，态度差的就评为差，能力方面也是这样，业绩方面也是这样。

（2）两级排序考评法。首先把好的找出来，把差的也找出来。还是以 20 个员工为例，把好的找出来，把差的也找出来，就剩下 18 个，在里面再次把好的找出来，把差的找出来，就剩下 16 个，依此类推。

（3）成对比较考评法。即两两比较，还是以 20 个员工为例，1 号员工和 2 号比较，当 1 号比 2 号强时，那么 1 号就排在前面，然后 1 号再和 3 号比较，发现 3 号比 1 号强，那 3 号就排到 1 号前面，如 3 号比 1 号差，1 号就排在前面不动，依此类推，将所有的比较完成，再排序。

（4）分析考评法。还是以 20 个人为例，假如我们经过考评委员会讨论，哪个作为最好的，哪个作为一般的，哪个作为最差的，建议最好的和一般之间为一个等级，一般的和最差的之间是一个等级，之后将其他人往这几个等级里面放，放的过程中采用比例控制考评，这种考评属于相对考评。为规定优的为 5%，良的为 15%，一般的为 50%，这样依此类推下去，是一种强度性的分布，这种分布保证了各个等级都有一定的人数。但缺点是不同群体的等级比较，如 A 部门都是素质较高的，而 B 部门员工整体上就差一些，通过考核，A 部门和 B 部门都会产生优、良、差员工。但 A 优不等于 B 优，A 良不等于 B 良。可能 A 良等于 B 优，甚至比 B 优都强。所以比例控制考评法也有不足，但在实际中却用得较多。

在实际应用中有两种改良的比例法。第一种是高分限制，是指对高分和分数等级的人数有统一限制。例如，某农场有 200 名员工，规定除特殊情况外，考评分数最高不得超过 90 分，同一分数不得超过 10%，也就是说，除特殊情况外，同一分数的人不能超过 20 名，这样考评结果将在两个方面得到控制。一是所有考评分数都得从 90 分向下排，二是分布均匀，同一分数的人次都在 20 人以下。这样就解决了优、良、中等的人数过多的问题。第二种是整体绩效优劣控制法，首先对部门进行考评，如果部门考评结果较好，那么优等名额就多一点，如果不好，中等甚至差等的名额就多一点。

3. 因素分解综合评判法

就是针对要考评的对象，通过因素分解把特点表现出来，然后根据每一项特征进行打分，最后通过一定的思想模型得出分数，其核心思想是对人划等分，几人成一个等级。它又可分以下几种。

（1）加权综合考评法。每个指标在总体评判所起的作用是不一样的，作用大的，加权或分打分就多一点；作用少的，分数就少一点。

（2）模糊数学综合评判法。与加权综合考评法不同的是，加权综合考评是把考评的、被考评的人在某一项指标上就分得很清楚，要么属于 A，要么属于 B，要么属于 C，几个等级里面只能属于其中一种，不能同时属于两种，这是经典数学的观念。

4. 常模参照与效标参照考评法

常模参照考评法是相对比较进行考评。20 个人分出优劣来，这种划分每一个等级都存在。效标参照是以工作所规定的客观标准作为要求来进行。这两种考评在实际中真实存在。例如目标等级考评法，在一定程度上，我们可以把它理解为效标参照。

（二）考核结果的反馈

员工绩效考核的结果一般采用面谈方式向员工进行反馈，在面谈的时候尤其需要注意遵循以下原则。

对事不对人，不要把这个人和那个人比较。谈论的中心应放在应用数据为绩效的结果上。

谈具体，不要谈一般。成绩或问题最好都要以数据、事实作为依据。

不仅要找出缺陷，更重要的是要分析原因，不要“只诊断，不开处方”。

保持双向沟通，要注意听取被考查人的意见。

落实行动，主要是帮助员工找出原因，从帮助的角度进行面谈。

第四节　农场的薪酬管理

一、薪酬管理的目标和功能

薪酬是农场支付给员工的劳动报酬，它主要以工资（含奖励工资）和福利两种形式表现出来。薪酬管理是指组织管理者对员工的薪酬形式、薪酬结构、薪酬水平、薪酬等级、薪酬标准等内容进行指定和调整。它主要包括薪酬目标设定、薪酬政策选择、薪酬计划制定和薪酬结构调整等 4 个方面。

（一）薪酬的构成

总体来看，薪酬由工资、奖金与福利三部分构成。具体由下列模型加以直观反映。

报酬系统主要分为两个部分，即金钱报酬和非金钱奖励。其中非金钱奖励又可分为两部分，即职业性奖励和社会性奖励。金钱报酬也可分为两部分，即直接报酬和非直接报酬。直接报酬主要包括工资与奖金，非直接报酬主要包括公共福利、个人福利、有偿假期和生活福利（图 8-1）。

（二）薪酬管理的目标

简言之，薪酬管理的目标，就是能调动员工的工作积极性，使他们愿意在所在农场努力工作。具体体现如下。

（1）吸引人才。在目前市场经济环境下，报酬无疑是吸引人才的有效工具，但这并不意味着，工资越高越能吸引人才，

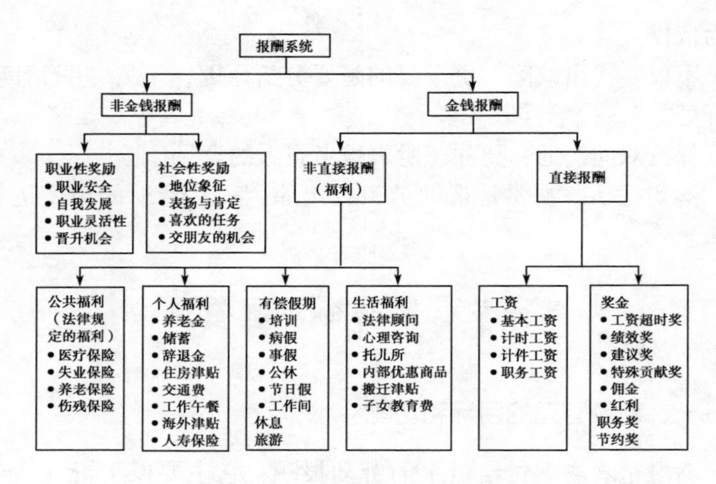

图 8-1　薪酬系统模型

应该是完备、公正、公平的报酬系统才能吸引人才。

（2）激励员工。是否对员工有激励作用是衡量报酬系统是否有效的主要标准。有效的报酬系统应该使每个员工都能自觉地为农场目标努力工作。

（3）留住人才。一个有效报酬系统还要能为农场留住人才，使员工认识到，在该农场工作时间越长，回报越大（包括金钱与非金钱方面）。

（4）满足组织的需要。一个有效的报酬统能以较低的人力成本来实现组织的基本目标。

报酬系统作用模型是表示报酬、员工工作满意感，及工作价值三者间关系的模型（图 8-2）。

由图 8-2 可以看出，报酬高低与员工的工作满意感和工作价值有关，为了提高员工工作满意感，一方面可加大报酬力度，另一方面是使员工认识到工作是有价值的。若只是加大报酬力度，而忽视了工作价值，则员工工作满意感程度不会很高。

（三）薪酬管理的功能

（1）补偿功能。保障员工收入能足以补偿劳动力再生产的

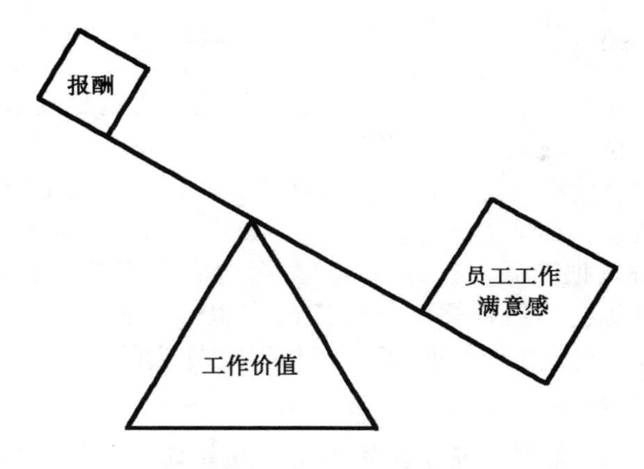

图 8-2　报酬系统作用模型

费用。

（2）激励功能。薪酬能激发员工的工作积极性。

（3）调节功能。薪酬差异可以促进人力资源的合理流动和配置。

二、薪酬的形式

（一）岗位制

多劳多得是被大家所接受的薪酬原则，以前很多农场采用这种形式。这种形式一般都打破了资历、工龄的限制。岗位制里面，又可分为单一型岗位工作制和可变性工作岗位制。单一型是一岗一薪，可变性工作岗位制是一岗多薪，在一个岗位内只能够按一个工资标准进行操作，但各工资标准，不相互交叉，衔接不交叉。岗位制还包括重合可变性岗位工作制，要求工资之间互相有交叉，它可以使在岗位不变的情况下，鼓励员工的积极性。

（二）技能工资制

根据人的技能、素质条件来确定工资水平。一个人的工作到底干得好不好，主要是由素质水平决定的。从人力资本上来讲，投资得越多，回报就越多，例如过去的八级工资制，技能工资里面还有一个叫作职能工资制，技能工资制是技术含量高的农场岗位。那么对于一些管理的岗位、管理的部门、管理的单位，可能使用技能工资制不太合适。不管是技能工资制还是职能工资制，都是从人的素质、人力资本的角度来确定工资制。职能工资是把职务进行分类，一般分为管理职务、事务职务、技术职务等，然后根据岗位对人的知识、技能、能力、品性、心理素质等确定工资标准，这种制度有助于人的素质的提高。

（三）结构工资制

结构工资制是指基于工资的不同功能划分为若干相对独立的工资单元，各单元又规定不同的结构系数，组成有质的区分和量的比例关系的工资结构。工资单元一般包括 6 个部分，一是基础工资，二是岗位工资，三是技能工资，四是效益工资，五是浮动工资，六是年功工资。农场在实际实施的工程中可以根据实际情况设计工资单元，设定各单位之间的比例。

设计基本模式就是根据上述基础工作提供的资料和情况，确定工资结构，如某农场设置基础工资、岗位（职务）工资、年功工资、效益工资四个单元。再确定结构工资中各单元的比例，即将结构工资总额视为100%，分别确定各工资单元所占百分比。一般来说，生产、工作的重点环节，其相对应的工资单元比例应当安排高一些，反之，则可以安排低一些，然后，按各工资单元比例得出各单元工资额。

（四）其他形式

1. 定额工资

根据完成的定额多少确定报酬的工资形式。一般这个定额都是大家能够完成的，确定定额，可以促使员工内在素质的资本有效地发挥出来。

2. 计件工资

根据完成的合格产品数量（或作业量）和计件单价来支付报酬的工资形式。它是一种绩效工资。

3. 提成工资

是从销售额、营业额或纯收入中提取部分货币进行分配的工资形式。它是绩效工资的一种。

4. 奖金

奖励一些超额劳动的部分，是根据员工超额劳动或超额贡献的大小支付报酬的工资形式。

三、薪酬制度设计的原则和方法

（一）薪酬制度设计的原则

制度政策原则，由组织的高层领导来确定，例如由职工代表大会来确定。

（1）按劳取酬原则。是工资制度中确定组织与员工之间的关系，调动员工积极性的首要原则。

（2）同工同酬原则。是处理不同岗位之间工资关系的基本原则。

（3）外部平衡原则。与其他同类组织的工资水平大体保持平衡，是调整各类人员工资水平的一项原则。

（4）合法保障原则。

（二）薪酬制度设计的方法

（1）工作评价法。工作评价，就是对各项工作的劳动价值或重要性进行评价。因为在不同工作之间，存在着劳动强度、劳动责任、劳动技能和劳动条件的差别。在工作分析基础上，搞清楚这些工作哪一些是同一类别，哪一些不是同一类别。同一类别里面有哪些因素起决定作用。根据因素来进行评价，确定一个等级之后，就对工资结构进行设计，是以岗位工资为主，还是以绩效工资为主，还是两者结合。然后进行工资上的调查（内部调查、外部调查）和分析，内部调查是指干同一类工作的人是不是一样，外部调查是与外部其他部门比较分析差别。根据调查，最后确定哪一个岗位到底拿多少钱、水平到底多少。

（2）工资结构线的确定方法。进行工作评价后，就要对评价值确定一个对应的工资值，即把工作评价值转化为实际的工资值。工资结构线状态主要取决于组织的价值观、薪酬政策人力资源战略、劳动力市场的供求状况、组织的付酬能力以及法律法规的制约。

（3）工资分级方法。就是把那些通过工作评价而获得相应的劳动价值或重要性的工作归并到一个等级，形成一个工资等级系列。

四、薪酬水平及其影响因素

（一）外部影响因素

薪酬水平是从某个角度按某种标准考察的某一领域内员工薪酬的高低程度。其外部影响因素主要包括劳动力市场的供求状况（当劳动力的供给大于需求时，则薪酬降低，否则升高）、政府的政策与立法（政府的许多法规政策影响薪酬系统，如最低工资规定、劳动安全与卫生、员工的退休、养老和保险等）、当地经济发展（一般来说，若当地经济发展较好，薪酬会升高，否则会降低）。

（二）内部影响因素

员工劳动绩效的差别：受员工的学历、工龄、能力、工种等因素的影响，不同员工所创造的劳动绩效并不相同，因而，薪酬的水平也应不同。组织的经济实力：农场在发展期，实力雄厚，因而一般采用高工资、高奖励、高福利的薪酬系统；在初创期，则采用低工资、高奖金、低福利的薪酬系统。组织的分配方式与结构劳资双方的谈判：现代农场有用人自主权，双方可以在用工合同上就薪酬达成协议。

第九章　农场主的会计核算

第一节　会计档案

一、农场会计档案的概念

农场的会计档案是指农场在生产经营过程中发生的各项收支记录、取得的原始票据并制成有关会计报表，整理建档。

二、会计档案材料处理

农场作为会计核算主体，与其他经济组织一样，也应设置和使用会计科目，采用复式记账，填制和审核会计凭证，登记会计账簿，编制会计报表。但实际生活中，农场尚未能达到这一要求。为真实反映农场的经营效益，评价其盈利能力、偿债能力，甚至是发展能力，农场也要尽力按会计核算要求反映各项财务活动。农场的会计资料来源日常活动，与农场生产经营有关的原始凭证可以分为两大类：外来的原始凭证和自制的原始凭证。外来的原始凭证，可直接作为入账的依据；没有取得外来原始凭证的业务，可以自制原始凭证，但必须详细说明经济业务发生的时间、地点、收支内容、数量、单价、金额等内容。自制的原始凭证必须经农场主签字后才可作为入账的依据。农场必须及时将取得的原始凭证交会计人员做账。

第二节　农场的账务处理

一、农场会计核算的现状

农场规模较大，一般可以达到获得社会平均利润的规模，大多有一定数量的雇工，甚至生产劳动以雇用劳动为主，在家庭组织形式的基础上也引入了现代契约制度等一些科学的组织方式，还需要采取现代会计核算等经营管理制度，提高经营的现代化水平。

因此，规范的会计处理不仅可以使农场家庭更好地了解自身的生产经营状况，为其决策提供必要的依据，还可以为其他利益相关者提供必要的信息资料。农场的会计处理应克服其限制因素，实现进一步规范化。

小规模农户的家庭组织基本上就是生产经营组织，因而一般没有核算等经营管理制度，经济核算全凭“盘算”或者简短的流水账，甚至连“盘算”或简单的流水账也没有。在中国，农场尚在兴起阶段，相关的会计理论指导和规范尚未出台，实务处理也较为简单。首先，一些农场家庭未曾记录过生产经营活动，大部分农场以收付实现制为基础进行单式记账，即每一项经济业务只在一个账户中记录，一般只登记现金的收付，而且在实际收到或支付款项时才确认收入或支出。流水账下，账户之间缺乏直接的联系，不能反映经济交易与事项的变动和账户的平衡关系。其次，农户通常根据个人习惯设置记账科目，有时同一要素在前后记录中所用科目也有偏差。而且农户通常只设置一级科目，如拖拉机、化肥等，不能分类反映会计要素增减变动情况及其结果。而在核算程序方面，农场的关注点在登记账簿上，几乎没有报告行为。农场主进行会计处理的目的在于核算当期的经营收入和利润，缺乏利用会计信息进行财务分析、科学决策的观念。会计处理规范性与效益增长的不匹配导致农场在经营中存在着五个不确定：一是产量不确定；二是收入不确定；三是成本不确定；四是债权债务不确定；五是效益不确定；这些不确定导致我国农民收入提高慢甚至不愿种田，以致农业发展后劲不足的局面。

从外部因素看，农场家庭完全占有其经营成果，不受信息披露的强制要求，外部监督的缺失进一步导致会计处理规范性的匮乏。另一方面，相当多的农场主认为其生产规模小，经营项目少，会计对其生产经营没有意义。当然，随着规模的扩大和效益的提高，有些农场意识到会计的重要性，但农场经营者的文化素质较低，缺乏会计知识和相关培训，不具备按照现行企业会计准则等规范进行精确处理的条件，只能对农业活动中的各种耗费和收益进行流水账式的记录和反映。

二、农场会计处理

农场介于传统农户和农场之间的特殊性质决定了其会计处理应在规范化和可操作性上寻求平衡。相较于小农户，农场规模更为庞大，业务更加复杂，管理更为重要，不记账或者流水账难以提供正确的信息。但是，我国人多地少，农业的整体生产力水平还比较落后，加上土地流转制度不完善和限制工商资本进入的政策导向，农场的规模不是很大，发展进程较慢，短期发展方向也并非如美国等高速发展的农场之真正企业化。如果要求农场依照农场在《企业会计准则》《农场会计制度》《农场会计处理办法》等体系下进行核算，设置近百个会计科目，按照生物资产的类型和阶段精细计量，一方面，不符合成本效益原则；另一方面，即使是专业会计人员也难以掌握，农场所拥有的会计知识几乎不可能实现高度正规化。再加上农场仍处于起步阶段，缺乏清晰定义，各地的试点工作也还在进行中。因此，农场的会计处理须从其实际情况出发，有一个循序渐进的过程，既要反映农户经济活动内容，满足自身经济管理的需要，又要从通俗易懂、简便易行出发，即适度规范、灵活多样。

为规范农场会计核算，提高农场会计信息质量，根据《中华人民共和国会计法》《企业财务会计报告条例》《企业会计制度》以及国家有关法律、法规，结合农场的实际情况，制定了《农场会计核算办法——生物资产和农产品》和《农场会计核算办法——社会性收支》。

（一）现行农场核算模式

（1）“应收农场款”“待转农场款”“应付农场款”核算模式。根据《农场会计核算办法》规定，对农场核算应设置“应收农场款”“待转农场款”“应付农场款”3个总账科目。在总账科目下再按照各单位的实际情况设置二级明细账户及相关的辅助核算。

在该种模式下，“应收农场款”科目下通常设置以下3个科目：“应收土地承包费”“应收垫支成本”“应收借款”。“应收土地承包费”主要反映团场向承包职工收取的土地承包费；“应收垫支成本”反映团场向农场有偿提供生产资料、生产技术服务、劳力、机力服务等收取的费用。“应收借款”主要用于团场与农场发生的资金“借贷”关系。

“应付农场款”科目主要反映农场上交产品款以及预交的“五保三费”、土地承包费、生产资料款和交售的产品款等。每年期末，通过转账方式，将应收农场款的年末借方余额与“应付农场款”贷方余额相抵，如果是贷方余额则表示应付农场的兑现款。兑现后“应收农场款”“应付农场款”余额均为零。如果是借方余额，则表示农场经营亏损，在“应收农场款”借方余额反映。

“待转农场上交款”科目专门核算农场“土地承包费”的应收及回收情况，以及企业待结转的应收农场的上缴利润、管理费、福利费及劳动保护费。

（2）“农场往来”模式。在日常核算中，为避免一个农场既有应收又有应付账户，简化核算，部分团场未使用“应收农场款”“待转农场款”“应付农场款”科目来核算农场的往来，只设置了“农场往来”科目，科目的借方反映应收农场的款项，科目贷方反映应付农场的款项，年末按余额方向归类，分别列入资产负债表的相应项。

（二）两种核算模式优缺点

利用模式一核算农场往来，一户农场既有应收又有应付账户，核算比较烦琐，但可以清晰反映农场往来的各项内容，方便提取数据、查账；利用模式二核算农场往来，在一定程度上避免一户农场既有应收又有应付账户，简化核算。但是，由于所有的农场往来的经济业务全部集中到一个会计科目中，加之一个生产周期内团场与农场往来发生频繁，在很大程度上给数据查询、生成报表带来一定的困难。这种核算模式比较适合往来业务较少的农场进行核算。

（三）完善农场会计科目的核算内容

在我国还是以上述模式一为主进行农场的会计核算。从完整反映会计信息的角度考虑，这 3 个会计科目核算的内容必须作如下调整。

“应收农场款”必须进行三级核算，即在总账科目下按费用项目设置二级科目，再按农场的名称设置明细科目，即设置应收固定上交款、应收投资性借款、应收扶贫性借款、应收垫付款、坏账准备等二级科目。其中，应收固定上交款核算应上交的利润、管理费用等项目，对农场来说，固定上交款都是费用支出，不需细分项目列支。该科目的余额在借方，表示应收未收的“固定上交款”，应与待转农场上交款科目贷方余额相等；应收投资性借款核算农场向农场提供生产性设备或物资，农场以产品或现金分期偿还的借款。该科目的余额在借方，表示未到期的投资性借款和到期未偿还的借款，且到期未偿还的借款应按一定比例提取坏账准备。应收扶贫性借款核算农场向农场提供的扶贫性借款，核算方法与投资性借款类似；应收垫付款核算企业先行提供生产物资、劳务或借给生产经营用现金，或统一代付应由农场个人承担的社会保障费、保险费等，该科目的余额在借方，表示应收未收垫付款项，应按一定的比例提取坏账准备。年末对应收农场款提取坏账准备，不同款项应按不同比例，且比例应高于应收账款的坏账准备计提比例。

“应付农场款”的贷方核算农场当年上交产品、现金或结转劳务收入在全部偿还当年应偿还的应收农场款后的余额，借方核算农场领取分配款或用于转账支付生产费用、偿还借款、上交固定款项等内容，余额为当年未兑现的分配款或是留存的下年度生产流动资金或储备资金。

“待转农场上交款”专门核算农场“固定上交款”，贷方发生额反映当年应收“固定上交款”总额，借方发生额反映当年实际收到本年度和以前年度的固定上交款的数额。年末贷方余额表示应收未收的固定上交款，应与“应收农场款一应收固定上交款”借方余额相等，本户不允许出现借方余额。

第三节　农场的税务

《中共中央国务院关于加快发展现代农业　进一步增强农村发展活力的若干意见》明确鼓励和支持承包土地向专业大户、农场、农民专业合作社流转。发展农场，是提高农业集约化经营水平的重要途径。从生产实践看，农场既坚持了以农户为主的农业生产经营特性，又扩大了经营规模，解决了家庭经营低、小、散问题，通过适度规模经营，以集约化、商品化促进农业增效、农民增收。

在现行税收政策中，没有明确的针对农场的税收规定，主要适用的是对种植业、养殖业等行业的税收规定，农场涉及的税收均为免征或不征。但农场的房产及花卉盆景等对外出租取得的营业收入，农场所从事的餐饮服务取得的收入以及为其他单位绿化维护等工程取得的收入均要缴纳相关税收。

第四节　货物劳务税

《增值税暂行条例》及其实施细则规定："农业生产者销售的自产农业产品"属免征项目，具体指直接从事"种植业""养殖业""林业""牧业""水产业"的单位和个人生产销售自产的初级农业产品。

《营业税暂行条例》规定，农业机耕、排灌、病虫害防治、植保、农牧保险以及相关技术培训业务，家禽、水生动物的配种和疾病防治项目免征营业税。

《财政部国家税务总局关于对若干项目免征营业税的通知》(财税字〔1994〕2号）和《国家税务总局关于农业土地出租征税问题的批复》（国税函〔1998〕82号）等相关规定：对农村、农场和农民个人将土地使用权转让给农业生产者用于农业生产，或将土地承包给个人或公司用于农业生产，收取固定租金，免征营业税、城建税、教育费附加和地方教育附加。农业生产包括农、林、牧、渔。

第五节　所得税

《财政部国家税务总局关于农村税费改革试点地区有关个人所得税问题的通知》(财税〔2004〕30号)、《财政部国家税务总局关于个人独资企业和个人合伙企业投资者取得种植业养殖业饲养业捕捞业所得有关个人所得税问题的批复》（财税〔2010〕96号）等文件规定，个体工商户、个人独资企业、个人合伙企业或个人从事种植业、养殖业、饲养业、捕捞业，其投资者取得的"四业"所得暂不征收个人所得税；《企业所得税法》第二十七条和《企业所得税法实施条例》第八十六条规定企业从事农、林、牧、渔业项目的所得，可以免征、减征企业所得税。

第六节 财产行为税

《中华人民共和国城镇土地使用税暂行条例》及《财政部国家税务总局关于房产税城镇土地使用税有关政策的通知》（财税〔2006〕186号）规定，直接用于农、林、牧、渔业的生产用地免缴城镇土地使用税。在城镇土地使用税征收范围内经营采摘、观光农业的单位和个人，其直接用于采摘、观光的种植、养殖、饲养的土地，免征城镇土地使用税。

《车船税暂行条例》规定，拖拉机、捕捞（养殖）渔船免征车船税。

《财政部国家税务总局关于农用三轮车免征车辆购置税的通知》（财税〔2004〕66号）规定，对农用三轮车免征车辆购置税。

《契税暂行条例实施细则》规定，纳税人承包荒山、荒沟、荒丘、荒滩土地使用权，用于农、林、牧、渔业生产的，免征契税。

《印花税暂行条例施行细则》第十三条规定，对国家指定的收购部门与村民委员会、农民个人书立的农副产品收购合同免纳印花税。

第七节 农场的利润分配和扩大再生产

分配是最敏感的环节，而且是决定合作社成败的关键因素，因此，这里主要讲农场的分配。

农场要承担生活费用和生产费用两方面的开支。农场作为一个独立生产经营单位，有两种功能：一是生产，二是生活。因此，农场的收入要用在生活费用和生产费用上。

在保证生产逐年稳定提高的前提下，农场应尽快达到生产费用自理，同时，要达到设备自筹、房屋自建，形成完整的生产能力，不断提高农场的收入水平。因此，农场的收入中，只有生活费用才与传统概念的家庭收入有可比性，也只有这部分收入才能算作个人所得。因此，应该区分生产费用和生活费用。

农场所得收入，是土地资源、设备、人力很好结合起来生产的财富，因此，农场的收入不能完全认为是个人劳动所得的收入，应该去除维持土地生产能力所必需的费用、维持经营者必要的生活费用以及农场发展所需的资金。在抛去以上各项费用后，所余下的生活费用代表着家庭成员的富裕程度，这部分资金供家庭成员自由支配，是农场取得的净收益。

第八节　投资估算

实施投资估算，可以合理挖掘现有资源潜力，选出最佳预算方案，减少决策盲目性和降低风险。加强财务管理，把预算作为控制各项业务和考核绩效的依据，以此协调各部门、各环节的业务活动，减少或消除可能出现的矛盾，使农场经营保持最大限度的平衡。以某一休闲农场的投资估算为例。

一、投资估算依据

国家、省和当地政府有关文件，并结合项目实际情况进行估算。

二、项目建设投资估算

（1）项目固定资产投资。建筑工程费、设备购置费、其他工程费、工程预备费、建设单位管理费、工程勘察设计费、工程监理费、临时施工费（表 9-1、表 9-2）。

（2）流动资金估算。流动资金估算按详细估算法计算。详见表 9-3。

（3）项目总投资。项目估算总投资，包括固定资产、有形资产、无形资产、递延资产、预备费用以及流动资金。

表 9-1　投资估算表（1）　　单位：万元

序号	项目名称	工程费用	设备费用	安装费用	其他费用	合计	工程指标			备注
							单位	数量	造价	
	第一部分									
1	租地费用						亩			x 年
2	餐饮区						栋			
3	果园						亩			
4	温室大棚						间			
5	人行步道						m			
6	石砌挡墙						m			
7	排灌渠						m			
8	木屋别墅						栋			
9	多功能馆						m^2			x 层
10	员工宿舍						栋			x 层
11	景观品茗						座			
12	公共厕所						座			
13	垂钓区						亩			
14	棋茶艺社						栋			x 层
15	停车场						个			
16	果农场						亩			
17	植树						株			
18	水井						座			
19	供电通信									
20	路灯亮化									
21	苗木									
22	草坪									
	合计									

表 9-2　投资估算表（2）　　单位：万元

序号	项目名称	工程费用	设备费用	安装费用	其他费用	合计	工程指标			备注
							单位	数量	造价	
	第二部分									
1	建设单位管理费用									
2	工程勘察设计费用									
3	监理费用									
4	临时施工									
5	办公生活家具购置									
	合计									
	预备费用									
	总计									

表 9-3　流动资金估算表（3）　　单位：万元

项目	合计	第 1 周年	第 2 周年	第 3 周年	第 4 周年	第 5 周年	第 6 周年	第 7 周年	第 8 周年	第 9 周年	第 10 周年
流动资产											
应收账款											
存货											
现金											
流动负债											
应付账款											

（续表）

项目	合计	第1周年	第2周年	第3周年	第4周年	第5周年	第6周年	第7周年	第8周年	第9周年	第10周年
流动资金											
流动资金本年增加											

三、流动资金详细估算法

流动资金的显著特点是在生产过程中不断周转，其周转额的大小与生产规模及周转速度直接相关。详细计算法是根据周转额与周转速度之间的关系，对构成流动资金的各项流动资产和流动负债分别进行估算。计算公式为：

流动资金=流动资产+流动负债

流动资产=应收账款+存货+现金

流动负债=应付账款

流动资金本年增加额=本年流动资金-上年流动资金

估算的具体步骤，首先计算各类流动资产和流动负债的年周转次数，然后再分项估算占用资金额。

1. 周转次数计算

周转次数是指流动资金的各个构成项目在一年内完成多少个生产过程。

周转次数=360+最低周转天数

存货、现金、应收账款和应付账款的最低周转天数，可参照同类企业的平均周转次数并结合项目特点确定。又因为：

周转次数=周转额÷各项流动资金平均占用额

如果周转次数已知，则：

各项流动资金平均占用额=周转额+周转次数

2. 应收账款估算

应收账款是指企业对外赊销商品、提供劳务而占用的资金。

应收账款的周转额应为全年赊销销售收入。在可行性研究时，用销售收入代替赊销收入。计算公式为：

应收账款=年销售收入÷应收账款周转次数

3. 存货估算

存货是企业为销售或生产耗用而储备的各种物资，主要有原材料、辅助材料、燃料、低值易耗品、维修备件、包装物、在产品、自制半成品和产成品等。

为简化计算，仅考虑外购原材料、外购燃料、在产品和产成品，并分项进行计算。计算公式为：

存货=外购原材料+外购燃料+在产品+产成品

外购原材料占用资金=年外购原材料总成本÷原材料周转次数

外购燃料=年外购燃料÷按种类分项周转次数

在产品=（年外购材料、燃料+年工资及福利费+年修理费+年其他制造费）÷在成品周转次数

产成品=年经营成本÷产成品周转次数

4. 现金需要量估算

项目流动资金中的现金是指货币资金，即企业生产运营活动中停留于货币形态的那部分资金，包括企业库存现金和银行存款。计算公式为：

现金需要量=（年工资及福利费+年其他费用）÷现金周转次数

年其他费用=制造费用+管理费用+销售费用-（以上各项费用中所含的工资及福利费、折旧费、维修费、摊销费、修理费）

5. 流动负债估算

流动负债是指在一年或超过一年的一个营业周期内，需要偿还的各种债务。

在可行性研究中，流动负债的估算只考虑应付账款一项。计算公式为：

应付账款=（年外购原材料+年外购燃料）÷应付账款周转

次数

根据流动资金各项估算结果，编制流动资金估算表。

第九节　财务评价

财务评价是根据财务估算提供的报表和数据，编制基本财务表，分析计算投资项目整个生命周期发生的财务效益和费用，计算评价指标，考察项目财务状况，判断项目的财务可行性。财务评价是投资项目的财务分析核心，也是决定项目投资与否的重要决策依据。主要包括收集和估算财务数据、编制财务基本报表、进行财务评价、进行不确定性分析 4 个步骤。以某一农场为例予以说明。

一、评价依据

国家现行的财会税务制度，对项目进行财务评价。

二、基本数据计算与表格

（一）计算期的确定

项目建设期为 x 年，项目计算期拟定为 y 年，其中第 $1\sim x$ 年为建设期，第（x+1）年开始产生营业收入。

（二）营业收入、营业税金及附加估算

项目营业收入来源为旅游门票收入、（绿色）产品销售收入及相关旅游服务等方面的收入。详见表 9-4。

表 9-4　营业收入、营业收入税金及附加计算表

单位：元

项目	1	2	3	4	5	6	7	8	9	10
营业收入合计										
税金附加合计										

（续表）

项目	1	2	3	4	5	6	7	8	9	10
游客量（万人）										
收入（元/人）										
营业收入										
产品销售										
税率										
营业税金附加										
营业税										

（三）总成本费用估算

（1）工资及福利。该项目费用按职工总数乘以年工资及福利费指标，工资乘以养老保险、失业保险、医疗保险和住房基金指标，两项合并计算构成。

（2）折旧及摊销。折旧与摊销采用平均年限法，建筑物折旧按年限25年，机械设备折旧年限13年，残值率按计，递延资产摊销按10年计算。详见表9-5。

表9-5　固定资产折旧无形资产递延资产摊销估算表

项目	折旧	1	2	3	4	5	6	7	8	9	10
	年限										
建筑工程	25										
原值											
折旧费											
净值											
设备	13										
原值											
折旧费											

（续表）

项目	折旧	1	2	3	4	5	6	7	8	9	10
净值											
其他资产	10										
原值											
折旧费											
净值											
无形，延递	10										
原值											
摊销费											
净值											
固定资产合计											
折旧费											
净值											

（3）修理及道路维护费。该项费用计算方法按占固定资产原值的比率和道路维护费用计算。

（4）其他管理费用。其他管理费用为农场日常管理所发生的办公费、差旅费、日常维护、旅游宣传等相关费用。总成本费用详见表9-6。

表9-6　成本与费用估算表　　单位：万元

项目	合计	1	2	3	4	5	6	7	8	9	10
工资											
修理及维护											
折旧摊销费											
利息											
其他费用											

（续表）

项目	合计	1	2	3	4	5	6	7	8	9	10
总成本费用											
固定成本											
可变成本											
经营成本											

1. 利润估算及分配

利润总额=营业收入–总成本–营业税金及附加

依据现行财税制度，项目缴纳企业所得税，税率为 $x\%$

企业所得税=应纳税所得额×税率

税后利润=利润总额–企业所得税

详见表 9-7。

表 9-7　损益表　　单位：万元

项目	合计	1	2	3	4	5	6	7	8	9	10
营业收入											
营业税、附加费用											
总成本费用											
利润总额											
所得税											
税后利润											
盈余公积金											
公益金											
未分配利润											

2. 财务盈利能力分析

反映企业盈利能力的指标主要有销售毛利率、销售净利率、成本利润率、总资产报酬率、净资产收益率、资本保值增值率和财务内部收益率等。

（1）销售毛利率。销售毛利率是销售毛利与销售收入之比，其计算公式如下。

销售毛利率（%）=销售毛利÷销售收入×100

其中，

销售毛利=主营业务收入（销售收入）-主营业务成本（销售成本）

（2）销售净利率。销售净利率是净利润与销售收入之比，其计算公式为：

销售净利率（%）=净利润÷销售收入×100

（3）成本利润率。成本利润率是反映盈利能力的另一个重要指标，是利润与成本之比。成本有多种形式，但这里成本主要指经营成本，其计算公式如下。

经营成本利润率（%）=主营业务利润÷经营成本×100

其中，

经营成本=主营业务成本+主营业务税金及附加

（4）总资产报酬率。总资产报酬率是企业息税前利润与企业资产平均总额的比率。由于资产总额等于债权人权益和所有者权益的总额，所以该比率既可以衡量企业资产综合利用的效果，又可以反映企业利用债权人及所有者提供资本的盈利能力和增值能力。

其计算公式为：

总资产报酬率（%）=息税前利润/资产平均总额=（净利润+所得税+利息费用）÷［（期初资产+期末资产）÷2］×100

该指标越高，表明资产利用效率越高，说明企业在增加收入、节约资金使用等方面取得了良好的效果；该指标越低，说明企业资产利用效率低，应分析差异原因，提高销售利润率，加速资金周转，提高企业经营管理水平。

（5）净资产收益率。净资产收益率又叫自有资金利润率或权益报酬率，是净利润与平均所有者权益的比值，它反映企业自有资金的投资收益水平。其计算公式为：

净资产收益率（%）＝净利润÷平均所有者权益×100

该指标是企业盈利能力指标的核心，也是杜邦财务指标体系的核心，更是投资者关注的重点。

（6）资本保值增值率。资本保值增值率是指所有者权益的期末总额与期初总额之比。其计算公式为：

资本保值增值率（%）＝期末所有者权益÷期初所有者权益×100

如果企业盈利能力提高，利润增加，必然会使期末所有者权益大于期初所有者权益，所以该指标也是衡量企业盈利能力的重要指标。当然，这一指标的高低，除了受企业经营成果的影响外，还受企业利润分配政策的影响。

（7）财务内部收益率。财务内部收益率是反映项目在计算期内投资盈利能力的动态评价指标，它是项目计算期内各年净现金流量现值等于零时的折现率。

3. 投资回收期计算

投资回收期是以项目税前净收益抵偿全部投资所需的时间，可根据财务现金流量表（全部投资所得税前）累计净现金流量栏中的数字计算求得，计算公式为：

投资回收期＝（累计净现金流量开始出现正值年份数－1）＋（上年累计净现金流量绝对值÷当年净现金流量）

详见表9-8。

表9-8　全投资现金流量表　　　单位：万元

项目	合计	1	2	3	4	5	6	7	8	9	10
现金注入											
营业收入											
回收固定资产余值											

（续表）

项目	合计	1	2	3	4	5	6	7	8	9	10
回收流动资金											
现金流出											
建设投资											
流动资金											
经营成本											
营业税金及附加											
所得税											
净现金流量											
累计净现金流量											
税前净现金流量											
累计税前净现金流量											

4. 不确定分析

（1）盈亏平衡分析。以营业收入水平比表示的盈亏平衡点，其计算公式为：

盈亏均衡点（%）＝（固定成本÷营业收入－营业税金及附加－可变成本）×100

（2）敏感性分析。考虑项目实施过程中一些不确定因素的变化，分别对营业收入、经营成本和固定资产投资做单因素变化对财务内部收益率、投资回收率的敏感性分析（表9-9）。

表 9-9　敏感性分析计算表

范围	所得税后						所得税前					
	内部收益率（%）			投资回收期（年）			内部收益率（%）			投资回收期（年）		
	营业收入	营业成本	固资投资	营业收入	营业成本	固资投资	营业收入	营业成本	固资投资	营业收入	营业成本	固资投资
-30%												
-20%												
-10%												
—												
10%												
20%												
30%												

第十章　农场主的产品营销

在新的形势下，一些地区和农场越来越重视农产品营销，利用现代化的农产品营销手段，取得了良好的经济效益和社会效益。

第一节　农产品市场分析

一、农产品市场概述

（一）市场的含义

市场的定义有狭义和广义之分。狭义的市场指商品交换的场所；广义的市场，是指各种交换关系的总和。

（二）市场营销的含义

美国著名营销学家菲利普·科特勒（1997）认为：市场营销是个人和群体通过创造并同他人交换产品和价值，以满足需求和欲望的一种社会过程和管理过程。

（三）农产品市场的含义

农产品市场可以从广义和狭义两个角度进行定义。狭义的农产品市场是指进行农产品所有权交换的具体场所；广义的农产品市场是指农产品流通领域交换关系的总和。

（四）农产品营销的含义

关于农产品营销，可以这样定义，“农产品营销是指将农产品销售给第一个经营者的营销过程”“第一个经营者到最终消费者的运销经营过程”。

（五）农产品的特征

农场营销管理的特征取决于农产品的特征。

1. 商品特性

农产品的商品特征主要体现在易腐性、易变性。农产品很容易腐烂变质，不易储存，大大缩短了农产品的货架期。

2. 供给特征

农产品供给具有较大的波动性，其原因如下。

（1）农产品生产受自然条件影响大，生产的季节性，年度差异性和地区性十分明显。丰年农产品增产，供给量增加会导致市场价格下降；反之，歉收年会出现供给量不足，引起市场价格上升。

（2）农产品生产周期较长，不能随时根据需求的变化来调整供给量，事后调整又容易导致激烈的价格波动。

3. 消费特性

农产品大多数直接满足人类的基本生活需要，其消费需求具有普遍性、大量性和连续性等特点，需求弹性一般较小。

（六）农产品营销的特征

1. 营销产品的生物性、自然性

农产品的含水量高，保鲜期短，易腐败变质。农产品一旦失去鲜活性，价值就会大打折扣。

2. 农产品供给季节性强

绝大多数农产品的供给带有明显的季节性，但需求却往往是常年性的，因此，农产品市场供求的季节性矛盾比较突出，收获季节往往滥市，非收获季节却十分畅销。因此，要求企业做好生产技术和贮藏技术的创新，调节季节供求矛盾。

3. 消费者数量众多、市场需求比较稳定、连续购买

第一，每个人都必须消费农产品，特别是像我国这样的人

口大国，每天消费的农产品数量是相当惊人的。因此，总体上讲，农产品具有非常广阔的市场；第二，相当一部分农产品是满足人们的基本生活需要的，因此，这部分市场需求是比较稳定，经营这类农产品市场风险相对较少，收益也相对稳定；第三，农产品大多属于非耐用商品，贮存比较困难，消费者对农产品的新鲜度要求较高，因而农产品的购买频率比较高。

4. 政府宏观政策调控的特殊性

农业是国民经济的基础，农产品关系到人民生存、社会稳定和国家安全。农产品生产具有分散性，竞争力比较弱，政府需要采取特殊政策来扶持农产品的生产和经营。

二、农场市场竞争特点

随着社会经济的发展，农场逐渐向适度规模经营转变，出现了众多的农业龙头企业，消费者对农产品的需求也在不断地变化，农产品市场出现了不完全竞争的结构特征。

（一）农场适度规模经营逐渐开展

由于现代科学技术的广泛应用，农场需要投入的资金、技术、管理等要素在数量和质量上都比以往有了更高的要求，生产规模较小、无规模效益的企业因实力不足很难满足这些要求，农产品生产逐渐向农业龙头企业集中。

（二）农产品的差异性越来越明显

随着人们生活水平的提高，消费者对农产品的需求呈现出多样化、个性化的特征，同质的农产品已经不能有效地满足消费者的不同需求，这使得农场必须采用新技术、开发新产品以及利用各种营销策略来形成产品差异，从而提高产品的市场占有率。

（三）市场进入门槛逐渐提高

农业生产技术的提高和生产规模的扩大使得新进入者需要投入更多资金、技术以及其他资源，增加了进入的难度。

（四）农产品市场信息不完全

农场对农产品市场信息的了解存在一定的局限性，影响了生产经营决策的科学性和准确性。

第二节　农产品营销策略

一、市场营销组合的含义

市场营销组合指的是企业在选定的目标市场上，综合考虑环境、能力、竞争状况，对企业自身可以控制的各种营销手段的综合运用，即对产品、价格、渠道、销售促进的最佳组合，使之相互配合，以完成企业的目标与任务。

市场营销的主要目的是满足消费者的需求，而消费者的需求很多，要满足消费者需求所应采取的措施也很多。因此，企业在开展市场营销活动时，就必须把握住那些基本性措施，合理组合，并充分发挥整体优势和效果。

二、市场营销组合策略

（一）农场的产品策略

1. 农产品营销中的产品整体概念

农场市场营销中的产品是指产品的整体概念，它包括农产品的核心产品、农产品的形式产品和农产品的附加产品 3 个层次。

农产品的核心产品是指农产品所具备的使用价值和功能，即农产品能够提供给消费者的基本效用。消费者购买某种农产品，并不是为了占有农产品本身，而是为了获得能满足某种需要的效用或利益。如购买鸡蛋是为了从鸡蛋中获得蛋白质。市场营销人员的根本任务在于向顾客推销农产品的实际效用。

农产品的形式产品是指农产品中可见的、可感觉的要素，如外观、质量、形态、品牌、包装等。形式产品是核心产品实现的形式。农产品的附加产品是指伴随农产品销售提供给顾客的额外利益，如服务、融资、保险等。

随着人们生活水平的提高，人们不仅要吃饱，更要吃好，对农产品品质的要求越来越高，只有树立农产品的整体观，才能满足不断变化的消费者需求。但是，我国农产品销售仍处于相当落后的局面，长期以来，很多农产品只是作为初级产品销售，缺乏加工处理，往往是卖农产品就卖其本身，即只给消费者提供了核心产品，缺乏形式产品与延伸产品。从营销意义上说，这样的农产品是不完整的。

2. 农产品营销中的产品市场生命周期

（1）农产品市场生命周期概念及阶段。农产品市场生命周期是指一种农产品（品种）由投放市场到最终被市场所淘汰的时间周期。农产品的生命周期可分为4个阶段。

①导入期，即某种农产品投放市场的初期。此时消费者对产品还不了解，销售量很低，销售增长率一般不超过10%。为了扩大销售，农场需要投入大量的促销费用对该农产品进行宣传推广。②成长期，是某种农产品已为消费者所接受，销量迅速增长的时期。此时，消费者已经对该产品了解并接受，购买量增加，市场逐步扩大。生产成本相对下降，利润额迅速增加，但竞争也随之出现并逐渐激烈。③成熟期，是某种农产品销量达到高水平的时期。此时，该农产品在市场上已经普及，市场容量基本达到饱和点，潜在的消费者已经很少。在这一阶段，竞争达到白热化，价格战激烈，促销费用增加，利润下降。④衰退期，是某种农产品销量迅速衰减的时期。此时，新产品或替代品出现，消费者转向购买其他产品，从而使原有产品的销量迅速下降。

（2）农产品市场生命周期各阶段的策略。由于农产品市场生命周期不同阶段有不同特征，因此应采取不同营销策略。

①导入期市场营销策略。这一时期的特点是成本高、费用

大、售价高、销量小，可供采取的策略有：快速掠取策略，即高价格高促销策略；缓慢掠取策略，即高价格低促销策略；快速渗透策略，即低价格高促销策略；缓慢渗透策略，即低价格低促销策略。②成长期市场营销策略。这一时期的重点是促进销量迅速增加，其主要策略包括树立品牌优势，增加消费者的信任度；拓展产品销售市场；重新评价并完善销售渠道；改良农产品品质和增加花色品种；改变广告宣传的重点；在适当的时机采取降价策略等。③成熟期市场营销策略。这一时期的重点是尽量延长成熟期，营销策略包括寻求新的细分市场；寻找能够刺激消费者增加农产品使用频率的方法；市场重新定位；产品改良；完善营销组合等。④衰退期市场营销策略。重点是选择适当时机以适当方式退出。可供选择的策略有继续策略；集中策略；缩减策略；放弃策略。

3. 产品组合

产品组合是指企业生产经营的全部产品的结构，由产品线和产品项目构成。产品线又称产品大类，是产品类别中具有密切关系的一组产品。产品项目是指某一品牌或产品大类内由尺码、价格、外观及其他属性来区别的具体产品。例如，某农场生产食用油、面粉、方便面等，这就是产品线。食用油中的豆油、色拉油、花生油就是产品项目。企业的产品组合有一定的宽度、长度、深度和关联度。

宽度指企业的产品线总数。产品组合的宽度说明了企业的经营范围大小。增加产品组合的宽度，可以充分发挥企业的特长，使企业的资源得到充分利用，降低风险，提高经营效益。

长度指一个企业的产品项目总数。通常，每一产品线中包括多个产品项目，企业各产品线的产品项目总数就是企业产品组合长度。

深度指产品线中每一产品有多少品种。产品组合的长度和深度反映了企业满足各个不同细分市场的程度。增加产品项目，增加产品的规格、型号、式样、花色，可以迎合不同细分市场消费者的不同需要和爱好，招徕、吸引更多顾客。

关联性指一个企业的各产品线在最终用途、生产条件、分销渠道等方面的相关程度。较高的产品关联性能带来企业的规模效益和企业的范围效益，提高企业在某一地区、行业的声誉。

4. 农产品品牌策略

品牌是整体产品概念的重要组成部分，是一种名称、标记、符号或设计，或是它们的组合运用，其目的是借以辨认某个企业或某行业的产品或服务，并使之同竞争对手的同类产品和服务区别开来。品牌包括品牌名称、品牌标识和商标等内容。品牌名称是指商品中可以用语言称谓的部分。例如，可口可乐、麦当劳等都是品牌名称。品牌标识是指品牌中不能用语言表达的部分，如符号、图案、设计或颜色，如绿色食品的标志。商标是经过有关部门注册并受法律保护的品牌。

（1）品牌的作用。品牌在农场发展中具有重要的作用，主要表现在以下几个方面。

①体现企业经营理念。②创造差异，维护消费者的利益。③维护企业正当权益，保护企业声誉。④推进关系营销。⑤扩大市场份额，减少价格弹性。⑥促进企业提高产品质量。

（2）农场品牌管理策略。

①品牌名称策略。在品牌名称的选择上，农场可以采取以下的具体策略：一是差别品牌策略。即企业将自己生产或提供的各种产品分别使用不同的品牌。这一品牌策略最大优势在于能满足消费者求新求异的心理需求。但是，差别品牌策略的宣传成本昂贵，并且品牌繁多，使顾客不易记忆企业的形象。二是统一品牌策略。即企业将自己生产的所有产品统一使用一种品牌。统一品牌策略优势在于企业将所有资源都集中在某一品牌上，有利于培植该品牌的知名度，并可降低宣传成本。其不利一面是个别产品声誉不好，会使整个品牌名誉受损。三是个别分类品牌。即企业在产品组合中，对产品项目依据一定标准

分类，并分别使用不同品牌。这样可以避免不同类型的产品因使用同一个品牌名称而产生混淆。四是个别品牌与企业名称相结合。即通常是在个别品牌前冠以企业的统一品牌。既可以使产品享受企业已有的声誉，又能体现产品的个性化，使他们自己各具特色。例如“娃哈哈”的“非常可乐”。五是企业名称与产品品牌合一。这是统一品牌的另外一种方式。采用这种方式，不会为使企业和产品同时出名而必须花双倍的广告费，使得企业及其产品的标志更简明扼要，易于识别。六是多品牌策略。就是一种产品用多个不同的，毫无联系但相互竞争的商标。采用多品牌策略有利于树立企业实力雄厚的形象，有利于对竞争者的同类产品形成强有力的包围，提高市场占有率。②品牌拓展策略。开发新产品时，是使用原有品牌，还是再创造出一个新品牌，这主要和农场的品牌拓展策略有关。一是延伸品牌策略。如果原有的品牌市场情况很好，推出的新产品就可采用原有品牌。采用这种策略既能节约宣传成本，又能迅速打开新产品的销售，但要求延伸产品的品质，必须符合在市场上已有较高声誉的品牌要求。二是品牌创新策略。就是企业通过改进或合并原有品牌而设立新品牌的策略。有些时候，原有产品的市场情况很不好，老品牌声誉日下或不佳，或新产品使用原有品牌会影响原有产品的形象甚至争夺原有产品的市场，或新老产品的特点不适宜采用同一品牌，此时，新产品不宜采用原有产品的品牌。

（二）农场的价格策略

1. 农产品定价依据

价格策略是企业营销组合的重要因素之一，直接决定着企业市场份额的大小和赢利率高低。随着营销环境的日益复杂，制定价格策略的难度越来越大，影响农产品定价的因素很多，概括起来，大体上可以有农产品成本、农产品市场供求、竞争因素和政府价格管制 4 个方面。

（1）农产品成本。对农场的定价来说，成本是一个关键因素。企业产品定价以成本为最低界限，产品价格只有高于成本，农场才能补偿生产上的耗费，从而获得一定赢利，价格过分低于成本，不可能长久维持。成本又可分解为固定成本和变动成本。产品的价格有时是由总成本决定的，有时又仅由变动成本决定。农场定价时，不应将成本孤立地对待，而应同产量、销量、资金周转等因素综合起来考虑。

（2）农产品市场供求。农产品价格还受市场供求的影响。即受农产品供给与需求的相互关系的影响。当农产品的市场需求大于供给时，价格应高一些；当农产品的市场需求小于供给时，价格应低一些。反过来，价格变动影响市场需求总量，从而影响销售量，进而影响企业目标的实现。因此，农场制订价格就必须了解价格变动对市场需求的影响程度。反映这种影响程度的一个指标就是农产品的价格需求弹性系数。所谓价格需求弹性系数，是指由于价格的相对变动，而引起的需求相对变动的程度。通常可用下式表示：

需求弹性系数=需求量变动百分比÷价格变动百分比

（3）竞争因素。市场竞争也是影响价格制定的重要因素。特别是当农产品具有同质性时，价格往往成为企业扩大市场占有率的武器。根据竞争程度不同，企业定价策略会有所不同。例如，在完全竞争情况下，买者和卖者都大量存在，产品都是同质的，不存在质量与功能上的差异，企业自由地选择产品生产，买卖双方能充分地获得市场情报。在这种情况下，无论是买方还是卖方都不能对产品价格产生影响，只能在市场既定价格下从事生产和交易。

（4）政府价格管制。政府对农产品价格实行管制，这实际上是政府对农民、农场、农场以及消费者的一种保护措施。农产品需求弹性小，不论价格高低，消费者都得需要，是关乎民生的基础。在经济繁荣阶段，对农产品的需求增加，农产品价格上升，政府进行价格管制，能防止投机炒作，哄抬农产品价格，从而保护消费者的利益。而在经济萧条阶段，对农产品的需求减少，农产品价格下降，政府实行粮食等主要农产品最低收购价，同时增加政府采购农产品的数量，向农民和农场主支付货币或价格补贴，增加他们的可支配收入。

2. 农产品定价目标

定价目标是企业在对其生产或经营的产品制定价格时，有意识要达到的目的和标准。它是指导企业进行价格决策的主要因素。定价目标取决于企业的总体目标。不同行业的企业，同一行业的不同企业，以及同一企业在不同的时期，不同的市场条件下，都可能有不同的定价目标。

（1）以获取投资收益为定价目标。投资收益定价目标是指企业实现在一定时期内能够收回投资并能获取预期的投资报酬的一种定价目标。采用这种定价目标的企业，一般注意两个问题：一是要确定适度的投资收益率。投资收益率不可过高，否则消费者难以接受；二是企业的产品与竞争对手相比，产品具有明显的优势。

（2）以获取合理利润为定价目标。合理利润定价目标是指企业以适中、稳定的价格获得长期利润的一种定价目标。如果农场拥有比较充分的后备资源，并打算长期经营，采用这种定价目标可以避免不必要的价格竞争，可以减少风险，保护自己。

（3）以获取最大利润为定价目标。最大利润定价目标是指企业追求在一定时期内获得最高利润额的一种定价目标。利润额最大化既取决于价格，又取决于销售量，因而追求最大利润的定价目标并不意味着企业要制订最高单价。最大利润有长期和短期之分，有远见的企业经营者，都着眼于追求长期利润的最大化。农场如果采取多品种经营的策略，可以使用组合定价策略，即有些产品的价格定得比较低，有时甚至低于成本以招徕顾客，借以带动其他产品的销售，从而使企业利润最大化。

（4）以提高市场占有率为目标。即把保持和提高企业的市场占有率（或市场份额）作为一定时期的定价目标。市场占有率是一个企业经营状况和企业产品在市场上竞争能力的直接反映，关系到企业的兴衰存亡。较高的市场占有率，可以保证企业产品的销路，巩固企业的市场地位，从而使企业的利润稳步增长。无论大、中、小企业，都希望尽量提高企业的市场占有率。以提高市场占有率为目标定价，企业产品的定价通常可以由低到高或由高到低。

（5）以应对和防止竞争为目标。在市场竞争日趋激烈的形势下，企业对竞争者的行为要十分关注，尤其要关注竞争者产品价格的变动。企业在实际定价前，应该广泛收集资料，仔细研究竞争对手产品价格情况。根据企业的不同条件，一般有以下决策目标可供选择。

①稳定价格目标。在市场竞争和供求关系比较正常的情况下，为了避免不必要的价格竞争，保持生产的稳定，以求稳固地占领市场，农场经营者可以以保持价格稳定为目标。②追随定价目标。追随定价目标是指企业价格的制订，主要以对市场价格有影响的竞争者的价格为依据，根据具体产品的情况稍高或稍低于竞争者。竞争者的价格不变，实行此目标的企业也维持原价，竞争者的价格或涨或落，此类企业也相应地参照调整价格。一般情况下，中小农场的产品价格应该略低于行业中占主导地位企业的产品价格。③挑战定价目标。如果企业具备强大的实力和特殊优越的条件，可以主动出击，挑战竞争对手，获取更大的市场份额。一般常用的策略目标有：打击定价，即实力较强的企业主动挑战竞争对手，采用低于竞争者的价格出售产品；特色定价，即实力雄厚、产品品质优良或能为消费者提供更多服务的企业，采用高于竞争者的价格出售产品；阻截定价，即为了防止其他竞争者加入同类产品的竞争，在一定条件下，往往采用低价入市，迫使弱小企业无利可图而退出市场或阻止竞争对手进入市场。

（6）维护产品形象。如果农场的目标是在某一特定市场上树立领先、知名品牌，使其产品成为高质量与高品位的象征，在这种情况下，企业可以综合运用多种营销策略和价格策略，把产品的价位定得高于一般同类产品。

3. 农产品定价方法

农产品定价方法是农场为实现其定价目标所采取的具体方法，可以归纳为成本导向定价法、需求导向定价法和竞争导向定价法三类。

（1）成本导向定价法。成本导向定价法是以农产品的成本为主要依据制定价格的方法，这是应用相当广泛的一种定价方法。

①成本加成定价法，即按产品单位成本加上一定比例的毛利定出销售价。

其计算公式为

$$P=c\times(1+r)$$

式中，P——商品的单价；c——商品的单位总成本；r——商品的加成率。

②目标利润定价法。其是根据企业总成本和预期销售量，确定一个目标利润率，并以此作为定价的标准。其计算公式为

单位商品价格=总成本×（1+目标利润率）/预计销量

（2）需求导向定价法。需求导向定价法是根据市场需求状况和消费者对产品的感觉差异来确定价格的定价方法。

①认知导向定价法。是指根据消费者对企业提供的产品价值的主观评判来制定价格的一种定价方法。②需求差别定价法。是指根据销售的对象、时间、地点的不同而产生的需求差异，对相同的产品采用不同价格的定价方法。常见的有基于顾客差异的差别定价、基于不同地理位置的差别定价、基于不同时间的差别定价。需求差异定价法对同一商品在同一市场上制订两个或两个以上的价格，其好处是可以使企业定价最大限度地符合市场需求，促进商品销售，有利于企业获取最佳的经济

效益。

（3）竞争导向定价法。竞争导向定价法是企业针对市场竞争状况，依据自身的竞争实力，以市场上竞争者的类似产品的价格作为本企业产品定价的参照系的一种定价方法。竞争导向定价主要包括随行就市定价法、产品差别定价法。

①随行就市定价法。即农场按照市场平均价格水平来制订自己产品的价格，利用这样的价格来获得平均报酬。这样做可以避免价格竞争带来的损失，大多数企业都采用随行就市定价法。此外，采用随行就市定价法，企业就不必去全面了解消费者对不同价差的反应，也不会引起价格波动。②差别定价法。差别定价法是指企业通过营销努力，使同种同质的产品在消费者心目中树立起不同的产品形象，进而根据自身特点，选取低于或高于竞争者的价格作为本企业产品价格。

4. 农场产品定价策略

近年来迅速变化的市场营销环境，不断增强了价格决策的重要性，这就要求农场经营者要充分运用产品定价策略，促进农产品的销售。

（1）新产品的定价策略。一种新产品是否能占领市场，定价因素起着关键作用。新产品的定价策略包括 3 种。

①撇脂定价策略。即指新产品上市初期，定价较高，以便在较短的时间内获得高额利润的一种定价策略。撇脂定价策略是一种短期的价格策略，随着销量增长，产品价格会逐渐降低。这种定价策略适用于具有独特技术、有专利保护的农产品。②渗透定价策略。这是一种低价策略，即在新产品投入市场时，以较低的价格吸引消费者，以便提高市场占有率。一般来说适用于能大批量生产、技术简单的产品。③满意价格策略。即价格介于上述两种价格之间的一种定价策略。它往往既能保证企业获得一定的初期利润，又能为消费者所接受。

（2）折扣定价策略。企业为了鼓励顾客及早付清贷款、大量购买、淡季购买，常常降低其基本价格，这种价格调整叫作价格折扣。常用的折扣策略有数量折扣、现金折扣、功能折扣、季节折扣等。

①现金折扣又称销售折扣，是为敦促消费者尽早付清货款而提供的一种价格优惠。其优点在于：缩短收款时间，减少坏账损失。②数量折扣是企业对大量购买农产品的顾客给予的一种减价优惠。一般购买量越多，折扣也越大，以鼓励顾客增加购买量，或集中向一家企业购买，或提前购买。尽管数量折扣使产品价格下降，单位产品利润减少，但销量的增加、销售速度的加快，使企业的资金周转次数增加了，流通费用下降了，产品成本降低了，导致企业总赢利水平上升，对企业来说利大于弊。数量折扣又可分为累计数量折扣和一次性数量折扣两种类型。③功能折扣策略是指农场对提供给批发商、零售商的产品按零售价格给予一定折扣的策略。④季节折扣也称季节差价，是指农场为鼓励买方在淡季购买而给予的折扣，目的在于鼓励淡季购买，减轻仓储压力，利于均衡生产。

（3）心理价格策略。心理定价策略是根据消费者购买商品时的心理变化需要所采取的定价策略。它包括尾数定价，在制订农产品价格时，保留尾数而不取整数的定价方法，使消费者购买时在心理上产生较为便宜的感觉，如超市中的水果罐头每瓶 9.9 元等；声望定价，如果某个企业或某种农产品，在长期的经营过程中，保持过硬的质量和完善的服务，从而在消费者心目中形成了较高的声望，消费者在购买此类农产品时就会有更大的信任感和享受感，即使多花些钱也会觉得物有所值，因此，对于那些长期以来声望高的名牌企业、名牌农产品来说，价格可以定得比一般水平高一些；习惯定价，大米等常购农产品一般价格比较稳定，形成了习惯性价格。

（4）地区差价策略。由于农产品生产与区域气候、地理环境等有较为密切的关系，企业定价时可以根据买主所在地区与路途的远近，把农产品运费、保险费、保鲜费用考虑进去。

（三）农场的营销渠道策略

农产品营销渠道是指农产品从生产领域向消费者转移过程中，由具有交易职能的商业中间人连接的通道。在多数情况下，这种转移活动需要经过包括各种批发商、零售商、商业服务机构（交易所、经纪人）在内的中间环节。

1. 农场营销渠道的类型

没有中间商的销售渠道都称直接渠道。经过一个或两个中间商环节的称为间接渠道。农产品销售渠道一般有以下几种。

（1）生产者→消费者。生产者直接将商品出售给消费者，不经过任何中间环节，没有中间商介入的简单结构。例如，养殖场把自产的产品（鸡、鸭、蛋等）运到农贸市场自行销售。这种营销渠道是环节最少、费用最小、最直接、最简单的营销渠道。

（2）生产者→零售商→消费者。生产者将农产品先出售给零售商，再由零售商出售给消费者。这种销售渠道环节较少，适用于鲜活农牧渔产品（如水果、活鱼等）销售。

（3）生产者→批发商→零售商→消费者。生产者将产品先出售给批发商，再转卖给零售商，最后出售给消费者。这种销售渠道适合储存期较长的加工品（如罐头类食品、大米等）。

（4）生产者→代理商→批发商→零售商→消费者。这种销售渠道通过代理商卖给批发商，再转卖给零售商，最后出售给消费者。由于代理商了解市场行情，销售经验丰富，因而推销成功率高。

（5）生产者→加工商→批发商→零售商→消费者。这种渠道主要适用于那些需要加工后才能销售的农畜产品。例如生猪、肉牛等需要先运到肉联厂屠宰、加工，然后才能进一步销售。

2. 农场营销渠道的选择

农场在选择营销渠道时，会受到各种因素的影响，因此，必须认真研究并根据具体情况来确定营销渠道。一般应考虑如下因素。

（1）产品因素。产品因素是进行渠道决策时首先要考虑的问题，根据产品性质和特点选择销售渠道。鲜活、易腐、易损的农产品应选直接销售或选择尽量短而宽的渠道，而耐贮、耐运的农产品则可选长而宽的渠道；单价高的产品选择短一些的渠道，最好直接销售，而单价低的农产品则宜选择长而宽的间接渠道。

（2）市场因素。一般来说，对于市场需求量大、购买频率高的农产品，可选宽的销售渠道，多设网点，使消费者随时随地可以购买；相反，对购买频率低、购买集中的商品，可少利用一些中间商或采用较短的渠道来进行销售；有些产品（如调料、食盐、蔬菜），消费者喜欢就近购买，渠道应宽一些、长一些，最好能深入居民区附近。

（3）企业自身因素。企业离市场近，就可不用中间商；企业规模大，资源雄厚，经营能力强，则可在本地或外地自设分销机构，直接控制渠道；规模很小，无力分设销售点，则应依赖中间商经销。企业将自己的产品打入一个新市场，对市场情况不熟悉，就只能委托当地的中间商为其销售；若企业对市场情况比较熟悉，就可以自行组织销售。

（4）竞争因素。农产品进行分销渠道决策时应充分考虑竞争者的渠道策略，并采取相应的对策。主要有正位渠道策略，即在竞争对手分销渠道的附近设立分销点，以优取胜；错位渠道策略，即避开竞争对手的分销渠道，在市场的空白点另立。

（5）环境因素。一是国家政策。政策的变化决定着农产品销售渠道的变更。如中国曾一度强调计划管理，我国绝大部分农产品实行计划渠道。改革开放以来，市场经济使分销渠道大大拓宽，出现了多渠道流通的局面。但是目前，国家对烟叶、蚕茧、棉花等还实行专营。所以，生产这些农产品的企业只能按国家的政策规定，选择计划渠道，将这些农产品卖给国家指定的收购站，而不能进入其他渠道。

二是自然环境。自然环境主要表现在地理条件对分销渠道的影响。地处交通便利的地区，由于地理位置比较有利，开展直接销售的可能性比较大；地处偏远地区或交通不便的地区，只能采取较长的分销渠道。

3. 农场营销渠道的策略

在确定销售渠道类型之后，还要考虑生产者、经营者（批发商、零售商）如何有效结合，以取得更好的销售效果。

（1）普遍性销售渠道策略。即企业通过批发商把产品广泛、普遍地分销到各地零售商业企业，以便及时满足各地区消费者需要。由于大多数农产品及其加工品是人们日常的生活必需品，具有同质性特点，因此绝大多数农场普遍采取这种策略。采取这种策略，有利于广泛占领市场，便利消费者购买。

（2）选择性销售渠道策略。就是指在一定地区或市场内，农场有选择地确定几家信誉较好、推销能力较强、经营范围和自己对口的批发商销售自己的产品，而不是把所有愿意经营这种产品的中间商都纳入自己的销售渠道中来。这种策略虽然也适用于一般加工品，但更适宜于一些名牌产品的销售。这样做，有利于调动中间商的积极性，同时能使生产者集中力量与之建立较密切的业务关系。

（3）专营性销售渠道策略。指在特定的市场内，农场只使用一个声誉好的批发商或零售商推销自己的产品。这种策略多适用于高档的加工品或试销新产品。由于只给一个中间商经营特权，所以既能避免中间商之间的相互竞争，又能使之专心一致，推销自己的产品。缺点是只靠一家批发商销售产品，销售面和销售量都可能受到限制。

（四）农场的促销策略

现代市场条件下，仅有优质的产品、合理的价格和适当的渠道不一定能引起消费者的注意。要想使产品占领市场，还必须采用各种有效的促销手段来激发消费者的购买欲望和购买行为，以达到扩大销售的目的。

1. 农产品促销的本质及功能

农产品促销是指以各种有效的方式向目标市场传递有关信息，以启发、推动或创造产品和劳务的需求，并引起购买欲望和购买行为的活动。农场促销的本质是企业同目标市场之间的信息沟通。促销具有告知功能、说明功能、影响功能。

2. 农场促销类型

农场促销的类型一般包括广告促销、人员推销、关系营销和营业推广 4 种。

（1）广告促销。广告促销是指通过各种宣传媒介，如电视、广播、杂志、报纸、网络等将产品或服务信息传递给接受者，达到促进销售目的的一种促销手段。随着市场竞争的加剧，广告已经成为促销的主要手段，农场应结合自身产品的特性，做好广告宣传。

（2）人员推销。人员推销是指通过推销员与消费者的直接对话和沟通，传达产品或服务的信息，促使消费者购买。人员推销方式推销成本低，针对性强，灵活应变，有助于生产者和消费者的双向交流。搞好人员推销，关键是选择培训销售人员，提高销售人员素质。

（3）关系营销。关系营销，是把营销活动看成一个企业与消费者、供应商、分销商、竞争者、政府机构及其他公众发生互动作用的过程，其核心是建立和发展与这些公众的良好关系。搞好公共关系，可以为企业树立良好形象，博得社会公众的信任和支持，有利于企业扩大销售。农场可以通过在一定宣传媒介上刊登介绍性的文章或召开新闻发布会等形式，对企业的产品或服务进行有利宣传，从而扩大知名度，达到促销的目的。公共关系的主要活动方式有：一是同有关的社会团体建立联系，并提供有关咨询服务，通过他们的各种宣传报道，使社会公众对企业产生良好影响；二是培训专职公共关系人员，及时处理社会公众的来信、来访，并尽快解决他们提出的不同问题；三是与政府机构、中间商和社会有影响的专家、学者等建立信息联系，取得他们的支持。

（4）营业推广。营业推广是指通过短期的刺激性手段，说服和鼓励消费者，激发他们的购买欲望。通过营业推广，企业向顾客提供特殊的优惠条件，能够引起他们的兴趣和注意，影响他们的购买决策，在短期内达成交易。营业推广的形式有：通过农产品交易会、展销会、订货会、拍卖会等形式向组织用户展示产品，洽谈业务、达成交易；向顾客发放优待券，赠送样品、奖券，提供试用、试饮、有效销售等；对推销员的营业推广方式有发放资金、提供免费旅游、提供培训学习机会等。

第三节　农产品销售渠道

农产品营销渠道是指农产品从生产者流向消费者的途径，以及在产品移动过程中各成员间所承担的营销职能及为承担这些职能而建立起的各种联系。由于农产品的特殊性，不同的农产品适宜不同的销售渠道，例如，粮食等大宗农产品和蔬菜等鲜活农产品其营销渠道不尽相同。无论采取何种营销渠道，其目的是为了开拓市场，服务消费者，减少流通成本，提高销售收益。

一、产地市场与批发市场

（一）农产品产地市场

农产品产地市场是相对于销地市场、超市等而言的一种市场形态，就是在农产品的原产地建立的交易市场，既可以是批发市场，又可以是零售市场。产地市场的建立主要是发挥优势农产品集中产区和生产基地作用，形成商品集散、价格形成、信息传输三大市场功能。

农产品产地市场按照规模和档次分为三级产地市场，即国家级专业产地市场、一般区域性产地市场和农村田头市场。国家级专业产地市场由农业部和省（直辖市、自治区）政府共同支持建设，能够辐射带动本区域乃至全国优势农产品产业的发展；一般区域性产地市场由地方政府支持建设；农村田头市场是建在农产品生产基地，辐射带动市场所在村镇及周边村镇农产品流通的小型农产品产地市场，主要开展预冷、分级、包装、干制等商品化处理和交易活动。

农产品产地市场的优点有以下几个方面。

（1）突出原产地优势，产地市场除了数量优势外，最重要的是品质优势，它能最直接、最有效地进行农产品质量监督。

（2）突出价格优势，产地市场农产品离田间最近，农产品集聚，市场价格形成机制健全。

（3）形成信息共享优势，实现农产品均衡上市，减少销售主体进人市场的风险，是产销衔接的重要载体。

（二）农产品批发市场

农产品批发市场又称中心集散市场，是指来自各产地市场的农产品集中起来，在此经过加工、储存、包装等，再通过销售商销往全国各地。农产品批发市场是我国农产品流通的主渠道。农产品批发市场的优点有以下几个方面。

（1）促进农业生产，保证市场供应。农产品批发市场一头连着农业生产，解决农产品的销路问题，促进农产品增产；一头连着广大消费者，保障了市场供应。

（2）保证农产品质量，减少农产品流通损失。大型农产品批发市场对农产品均有准入制度，对进入市场的农产品进行检验，与路边市场、无品牌农产品相比，保证了农产品的质量。通过集中销售，也减少了农产品在流通过程中间环节的损耗。

（3）带动农民就业，沟通城乡关系。农产品批发市场是商流、物流、资金流及信息流的汇集之地，也是城乡经济文化交汇的中心，对统筹城乡发展具有不可替代的作用。

二、农超对接

（一）农超对接的营销模式

农超对接营销模式是指农户或农场等和商家签订意向性协议书，由其向超市和便民店直供农产品的新型流通方式，主要是为优质农产品进入超市搭建平台。农超对接的本质是将现代流通方式引向广阔农村，将千家万户的小生产与千变万化的大市场对接起来，构建市场经济条件下的产销一体化链条，实现商家、农民、消费者共赢。

（二）农超对接营销模式的优点

（1）按需生产，减少盲目性。超市最了解消费者的需求，超市按需下单，农场按单生产，真正做到市场需要什么就生产什么，既可避免生产的盲目性，又可稳定农产品销售渠道和价格。

（2）减少流通环节，提高农场收入。农场直接将农产品销售给超市，减少了流通环节，降低了流通成本，通过直销可以降低流通成本 20%~30%，在增加收入的同时也给消费者带来了实惠。

（3）保障农产品安全。超市可实现农产品质量从农田到餐桌的全过程控制，提高农产品质量安全水平。

（4）提高农业组织化程度，促进城乡统筹发展。连锁超市对商品具有大量采购、均衡供应、常年销售的特点，农场想进超市必须具有规模化生产和常年供应的能力，有利于农业组织化发展。

三、社区直销

（一）社区直销的营销模式

社区直销的营销模式是指在城市社区开设连锁经营的直销

店，销售当天生产加工的一些鲜活的农产品，如蔬菜、水果、肉类、水产品等。

（二）社区直销营销模式的优点

（1）面对面销售。面对面销售可以让消费者更好地了解农产品的特点、功效等，农场通过现场示范及消费者亲身体验，可传递给消费者更多的信息，增加了消费者对农产品的了解，提高了消费者购买农产品的欲望和信心。

（2）减少了中间环节，降低了营销成本。农产品直销主要由生产者自行完成整个销售过程，大大节省了营销成本。

（3）可控制产品价格。直销的农产品可根据时令、市场需求状况自行定价，并可通过与消费者的接触，不断改进农产品的生产流程及服务方式。

四、配送

（一）农产品配送的含义

农产品配送是指在经济合理的区域范围内，根据客户的需求，对农产品进行拣选、加工、配货、包装、送货等作业，按时送达客户的活动过程。配送处于物流产业链的终端，是最重要的一个环节。

（二）农产品配送的作业流程

农产品配送中心的性质或规模不同，其营运的项目和作业流程也存在着差异，但其基本作业流程主要包括货物配备（进货、储存、配货）和组织对用户或门店的送货。

（1）进货。即组织货源，包括以下两个方面。

订货或购货——由农产品配送主体向生产者订货，然后由生产者供货。

集货或接货——由农产品配送主体收集或接受订购的货物。

（2）储存。即按用户提出的要求，并依据配送计划将购到或收集到的各种货物进行验收，然后分门别类地储存在相应的设施或场所之中，以备拣货和配货。但要注意的是，在农产品配送实践中，主要从事配货和送货活动的农产品配送中心，其本身不设储存库和存货场地，而是利用设立在其他地方的“公共仓库”来补充货物，一般配送果蔬等生鲜农产品的配送中心属于此类。

（3）分拣和配货。这两项作业是紧密关系的经济活动，有时同时进行同时完成，如散装物的分拣和配货。现在这两项作业很少以纯手工方式进行操作，而更多是以机械化或半机械化方式操作。

（4）送货。包括搬运、配装、运输和交货等活动，通常为短距离、小批量，高频率的运输形式，其作业的程序为：配装—运输—交货。交货是配送作业的终结，在送货流程中除要圆满完成货物的移交任务、进行货款结算外，更应注意提高配送的服务水平，尽可能满足客户需要。

第四节　农场产品的包装、分级、发货

农产品营销渠道是指农产品从生产者流向消费者的途径，以及在产品移动过程中各成员间所承担的营销职能及为承担这些职能而建立起的各种联系。由于农产品的特殊性，不同的农产品适宜不同的销售渠道，例如，粮食等大宗农产品和蔬菜等鲜活农产品的营销渠道不尽相同。无论采取何种营销渠道，其目的是为了开拓市场，服务消费者，减少流通成本，提高销售收益。

一、分级和包装

对已经建立农产品可追溯体系的产品，第一种是直接对农产品进行分级，第二种情况是对存储在冷库内储存箱中的农产品进行分级。无论哪一种分级，都必须对不同地块或大棚的农产品分别进行分级，以免混淆。

分级包装完成后，农产品的可追溯码后面就增加了有关加

工信息的代码，即加工代码。加工代码由 3 段组成：①代码名称，这里用 JG，即“加工”拼音的第一个字母；②批次，即当日加工的批次，建议用 4 位阿拉伯数字；③加工日期。如果是 2010 年 10 月 30 日加工的第 10 批次的农产品，可以写成：JG 0010 10 10 30。生产代码加上加工代码，就成为完整的农产品可追溯代码。加工代码可以用黏贴纸贴在装货的纸箱外（筐上挂标签），完成后需要立即登记。

二、配送

农场的加工车间到超市的物流配送中心之间的距离，需要通过长途货运来解决。最好的方案是合作社有自己的货运卡车。可在起步阶段，一般的合作社不太可能有足够的经济实力来购置货运卡车，主要还得依靠专业的物流公司。

需要注意的是，同普通的农产品相比较，建立可追溯体系的农产品在生产过程中往往投入的人力和物力大，成本高。为了避免运输过程中无谓损耗和意外状况影响农产品的质量，农场应该尽可能寻找注册资本大、信用度高，运输经验丰富的物流公司。

在农产品装车的时候，需要把同一个可追溯编号的农产品集中在一起，以便于在卸货的时候也可以集中，减少采购商挑选货物的时间。因为超市、采购商需要给农产品做小包装，并在包装上打上可追溯编码，以便顾客查询。

农场需要准备货物清单两份，一份由货运卡车驾驶员转交给超市物流配送中心的收货员，另一份贴在开门即可见到的货物纸箱上。这份清单将跟随货物，直接张贴在库房货堆上，提供给开箱分装人员使用。货物清单的格式与上表基本相同。

三、交付

货物交付装货卡车到达超市、采购商的物流配送中心后，由司机把《订单确认表》《装货确认表》以及上文提到的货物清单交给物流配送中心的收货员，然后收货人员验收货物。收货员在收货单上签字以后，整个从田头到市场物流配送中的农产品可追溯体系程序宣告完成。

第十一章　农场的扶持政策

根据国家新的政策精神，对农场的发展必须加大政策扶持力度，农民专业合作社享有的优惠政策，符合相关条件的农场也同等享受。现有的农业农村扶持政策主要有以下内容。

第一节　生产类、建设类的扶持政策

一、生产类政策

（一）粮食生产补贴

1. 粮食直补

粮食直补是在全国范围内将补贴在粮食流通环节的资金拿出一部分直接补贴给种粮农民的惠农政策。直接补贴的标准，按照能够补偿粮食生产成本并使种粮农民获得适当收益，有利于调动农民种粮积极性、促进粮食生产的原则确定。直接补贴办法可以按粮食种植面积补贴，可以与种粮农民出售的商品粮数量挂钩。按照公开、公平、公正的原则，把对种粮农民直接补贴的计算依据、补贴标准、补贴金额逐级落实到每个农户，并张榜公布，接受农民监督。

2. 粮食最低价格收购

国家为保护农民利益、保障粮食市场供应，在粮食主产区执行规定具体的粮食品种和最低收购价格的政策，由国家发改委公布收购的粮食品种和最低价格，有关粮食产区的省级人民政府执行，不是全国统一执行的政策。

3. 农资综合直补

国家为弥补种粮农民因柴油、化肥、农药、农膜等农资价格上涨带来的生产成本增加而实行的一种直接补贴政策。农资综合直补资金由中央财政安排，原则上按照种粮面积核定金额兑补，具体由省级人民政府根据本地实际情况确定。浙江省平均补贴标准每年每亩 40 元。农资综合直补资金由县级财政部门通过中国农民补贴网，采取“一卡通”或“一折通”等形式将补贴资金直接支付到户，农民可带居民身份证和“一卡通”或“一折通”到信用社领取。

4. 旱粮种植直接补贴政策

浙江省财政对在经省、市、县（直辖市、自治区）农业部门认定的旱粮生产基地（冬闲水田和旱地连片 100 亩以上）内种植玉米、番薯、马铃薯、大豆、蚕豆、豌豆、杂豆、高粱、荞麦的种植者（大户、农民专业合作社、农场），种植土地面积给予每亩 125 元的直接补贴；对在果园、桑园和幼疏林地间作套种同一旱粮作物 100 亩以上的种植者（大户、农民专业合作社、农场）给予每亩 20 元的直接补贴。继续执行国家和省里出台的大小麦生产扶持政策。

5. 产粮大县补贴

为确保国家粮食安全，促进我国粮食、油料生产发展，逐步缓解产粮（油）大县财政困难，调动地方政府抓好粮食、油料生产的积极性，财政实行对产粮大县的奖励政策。农民可以通过国家对产粮大县的奖励资金，得到种粮的补贴。浙江省实行订单农业奖励政策，省财政对按订单向国有粮食收储农场交售省级储备早稻谷（包括订单交售水稻种子）的种粮农户给予奖励，种粮大户、粮食专业合作社社员按订单每交售 50 千克早稻谷奖励 30 元，每亩最高奖励 240 元；其他农户按订单每交售 50 千克早稻谷奖励 20 元，每亩最高奖励 160 元；适当提高订单杂交稻种子奖励标准，订单水稻种子制种基地农户每交售 50 千克杂交水稻种子奖励 100 元，每亩最高奖励 300 元；每交售 50 千克常规水稻种子奖励 30 元，每亩最高奖励 240 元。

（二）农作物良种补贴

农作物良种是指经国家或省级农作物品种审定委员会审定，适合推广应用，符合农业生产需要和市场前景较好的农作物品种。财政补贴的农作物品种包括水稻、小麦、玉米、大豆、油菜、棉花和国家确定的其他农作物品种。良种补贴标准为：早稻、小麦、玉米、大豆和油菜每亩 10 元，中稻、晚稻和棉花每亩 15 元。水稻、玉米、油菜采用现金直接补贴方式。良种补贴标准如有调整则按新标准执行。

良种补贴资金的补贴对象是在农业生产中使用农作物良种的农民。

良种补贴范围是国家规定补贴品种的种植区域。良种补贴资金发放实行村级公示制，公示的内容包括农户良种补贴面积、补贴品种、补贴标准、补贴资金数额等。乡镇级农业管理机构、财政所组织村级公示，公示时间不少于 7 天。公示期间，听取农民群众的意见，接受群众监督，发现问题及时纠正。

（三）测土配方施肥和病虫害防治补贴

1. 测土配方施肥补贴

为了促进农民能够科学合理地用肥、施肥，减少农民盲目施肥和过量用肥，提高肥料的利用效果，国家安排专项资金对项目县进行测土配方施肥补贴政策。国家安排的测土配方施肥专项资金是补贴给承担测土配方施肥任务的农业技术推广机构和加工配方肥料的农场，补贴用于测土、配方、配肥等环节所发生的费用和土壤采样、分析、化验、配肥设备购置费用。农民请农业技术推广机构和加工配方肥料的农场进行测土、配方全部免费服务。农民不能享受财政测土配方施肥补贴。

2. 病虫害防治补贴

农区发生的传染性强、对农业生产造成严重损失的重大病虫害，可以得到中央财政农作物病虫害防治专项资金补助。病虫害防治专项补助资金用于防治所需农药、机动喷雾（烟）机、燃油、雇工和劳动保护用品支出的补助。一般不直接补助给农民。

（四）现代农业生产补贴

中央财政现代农业生产发展资金通过地方各级财政部门，采取贷款贴息、以奖代补、以物代资、先建后补等多种形式支持各地优势特色农业发展，促进粮食等主要农产品有效供给和农民增收。中央财政现代农业生产发展资金围绕粮食等优势主导产业，进行重点支持。各省财政部门根据中央财政下发的立项指南和资金控制规模，结合当地现代农业发展实际，会同同级相关部门，自主确定资金使用的方向和支持的重点环节，编制立项和资金申请报告，并附项目实施方案报财政部备案。浙江省重点扶持粮油、蔬菜、茶叶、果品、畜牧、水产养殖、竹木、花卉苗木、蚕桑、食用菌、中药材等。

县级财政部门会同农业等有关部门，根据省下发的立项指南和资金控制指标，结合当地现代农业发展目标和总体规划，选择重点支持环节，落实项目实施单位，按照立项和资金申请报告的要求，编写产业发展项目实施方案，联合上报省财政和省农业部门。地方财政部门对农业龙头农场的支持，必须遵循以农民为受益主体的原则，只对直接带动农民增收的农产品生产基地的生产环节给予支持，单个农业生产龙头农场支持额度超过100万元的，必须在项目实施方案中单独列示资金补助方式及资金的具体用途。

（五）林业补贴

1. 公益林补贴

中央财政设立森林生态效益补偿基金用于公益林的营造、抚育、保护和管理。公益林中央财政补偿基金的补偿标准为每年每亩5元，其中，4.75元用于国有林业单位、集体和个人的管护等开支，0.25元用于省级林业部门组织开展的重点公益林管护情况检查验收、跨重点公益林区域开设防火隔离带等森林火灾预防，以及维护林区道路的开支。

2. 退耕还林补助

对现行退耕还林粮食和生活费补助期满后，中央财政安排资金，继续对退耕农户给予适当的现金补助，解决退耕农户当前生活困难。补助标准为每亩退耕地每年补助现金105元；原每亩退耕地每年20元生活补助费，继续直接补助给退耕农户，并与管护任务挂钩。补助期为：还生态林补助8年，还经济林补助5年，还草补助2年。根据验收结果，兑现补助资金。各地可结合本地实际，在国家规定的补助标准基础上，再适当提高补助标准。

（六）农业科技推广示范项目补贴

农业科技推广示范项目专项资金主要补助应用农业科技手段，推广新技术发展农业生产，增加农民收入和社会效益，具有起示范推动作用的项目。包括农作物、畜禽、水产品优良新品种繁育与农业高效高产技术项目；农产品加工、保鲜技术项目；重大动植物病虫防治技术项目；农业资源综合开发利用技术项目；节水农业和农业生态环境保护技术项目；适用农机和农业信息化技术项目等。

农业科技推广示范项目实施单位应有承担项目研究与推广的技术和经济能力，规定农业技术研究推广机构、农场、农民合作经济组织、行政村可以成为申报补助的主体，申请财政专项资金的补助，农民个人不能单独申请农业科技推广示范项目专项资金。

项目实施单位在申报农业科技推广示范项目时，要具有下列目标要求。

（1）示范项目要与当地农业结构战略性调整、农业可持续发展、增加农民收入和推动农场产业化经营相结合。

（2）体现区位优势。按照合理区域布局要求，确定开展技术示范的主导产业。

（3）形成示范能力。项目建设后，项目区生产设施、生态环境和技术推广应用条件要有明显改善，具备开展技术示范的能力。

（4）示范推广先进实用技术。要依托农业科技部门，进行农业新品种、新技术、农业标准化生产的示范推广。

二、建设类政策

（一）农业综合开发补助

1. 产业化经营财政补助

财政补助资金使用范围为：一是种植基地项目，主要用于种苗繁育、经济林及设施农业种植基地所需的灌排设施、农用道路、输变电设备及温室大棚、质量检测设施，新品种、新技术的引进、示范及培训等；二是养殖基地项目，主要用于种畜禽和水产种苗繁育及畜禽和水产养殖基地所需的基础设施、疫病防疫设施、废弃物处理及隔离环保设施、质量检测设施，新品种、新技术的引进、示范及培训等；三是农产品加工项目，主要用于与技术改造、产品升级和废弃污染物综合利用等相配套的设施设备，质量检验设施，卫生防疫及动植物检疫设施，引进新品种、新技术，对农户进行培训等；四是储藏保鲜、产地批发市场项目，主要用于农副产品市场信息平台设施，交易场所、仓储、保鲜冷藏设施，产品质量检测设施，卫生防疫与动植物检疫设施，废弃物配套处理设施等。

农场产业化经营项目由农业龙头农场和农民专业合作社申报和组织实施。农民个人不能单独申报农场产业化经营项目。项目的补助标准为：农民专业合作社项目中央财政补助资金规模为50万~100万元。省财政资金按中央财政资金的80%比例配套。市、县（直辖市、自治区）财政按政策规定落实配套资金。项目单位按政策规定落实相应的自筹资金投入，其中农民专业合作社自筹资金不低于所扶持财政补助资金总额的50%。

农民专业合作社要成为农场产业化经营项目实施单位，应具备下列条件。

（1）一般为2011年12月31日以前在工商部门登记注册，取得法人资格。

（2）合作社法人具有良好社会形象和诚信记录，具备相应的项目建设和经营管理能力。

（3）符合《中华人民共和国农民专业合作社法》有关规定，产权明晰，章程规范，运行机制合理，盈余返还。

（4）经营状况良好，实力较强，财务管理比较规范，净资产不低于申请财政补助资金总额的50%。

（5）运营规范，农户社员规模较大，示范带动作用强。

2. 农业综合开发财政贴息

符合规定的农场产业化龙头农场和农民专业合作社实施的农业综合开发产业化经营项目，从国有商业银行、股份制商业银行、城市商业银行、农村信用合作社等金融机构的银行贷款利息，包括固定资产贷款和季节性收购农副产品流动资金贷款利息，可以得到农业综合开发中央财政贴息资金支持。

项目单位申请贴息资金时，应当提交银行贷款合同、贷款到位凭证、贷款银行出具的利息结算清单等原始凭证及复印件，并填报《农业综合开发中央财政贴息资金申请表》和《农业综合开发中央财政贴息项目申请表》，向所在地财政部门提出贷款贴息申请。

（二）农田水利建设补贴

1. 小型农田水利建设补助

小型农田水利建设补助资金，简称小农水资金，是指由中央财政预算安排的，采用“民办公助”方式，支持农户、农民用水合作组织、村组集体和其他农民专业合作经济组织等，开展小型农田水利设施建设的补助资金。主要用于支持重点县建设和专项工程建设两个方面。专项工程建设方面重点支持雨水集蓄利用、高效节水灌溉、小型水源建设，以及渠道、机电泵站等其他小型农田水利设施修复、配套和改造。资金安排上实行“民办公助”政策，财政只对建设项目的材料费、设备费、施工机械作业费等给予补助。

2. 节水灌溉财政贴息

节水灌溉贷款中央财政贴息资金主要用于各类银行（含农村信用社）发放的渠道防渗灌溉、管道输水灌溉、喷灌、微灌等节水灌溉工程及相配套的节水灌溉措施，节水灌溉水源工程及相配套的设施设备，集雨节灌等节水灌溉项目建设银行贷款的利息补助。具有还款能力的地方水管单位、农户、农民合作组织、村组集体等，都可以按规定要求申请节水灌溉贷款贴息。

第二节　流通类、专项类的扶持政策

一、流通类扶持政策

（一）畜牧业补贴

1. 生猪标准化养殖补助

生猪标准化养殖项目财政补助资金主要支持建设粪便污染处理，猪舍标准化改造，水、电、路、防疫等配套设施建设。

项目申请单位的条件如下。

（1）实行人畜分离、集中饲养、封闭管理。

（2）符合乡镇土地利用总体规划，不在法律法规规定的禁养区内。

（3）经改造后猪粪污染集中处理、达标排放，实行饲养标准化。

（4）优先支持农民专业合作组织的规模养殖场（小区）。

同时，年出栏500吨以上的标准化规模养殖场可根据相关部门的要求申请补助。

2. 畜牧业综合优惠

具体有以下几项。

（1）动物疫病强制免疫。国家对高致病性禽流感、牲畜口蹄疫、高致病性蓝耳病、猪瘟4种动物疫病病种，在每年春季、秋季开展两次强制免疫，平时根据补栏情况随时补免。规模饲养场户在兽医部门指导下由本场技术人员进行，农户分散饲养的畜禽由村级防疫员上门服务。

（2）动物强制免疫疫苗费用。动物强制免疫疫苗由政府免费提供，兽医部门负责供应，养殖场或养殖户不用付费。免疫后发放免疫证明，对猪、牛、羊佩戴耳标，也不收取任何费用。强制免疫疫苗经费全部由中央财政和地方各级财政承担。

（3）禽流感防治费用。根据地区差异和各地财政状况，中央财政对不同地区禽流感防治实行差别补助政策。禽流感疫苗经费按鸡0.5毫升/只、鸭鹅1毫升/只，其他禽类按实际使用疫苗数量计算。疫苗价格暂按0.2元/毫升计算。强制免疫疫苗费用全部由国家负担，非强制免疫所需疫苗经费，由国家负担50%，养殖户负担50%。禽流感扑杀补助经费由中央财政与地方财政负担，扑杀补助标准为：鸡、鸭、鹅等禽类每只补助10元，各地可根据实际情况对不同禽类和幼禽、成禽的补助有所区别。

（4）动物疫病预防、控制和扑杀补偿。养殖场或养殖户因动物疫病预防和控制、扑杀的需要，被政府强制扑杀的动物、销毁的动物产品和相关物品所造成的损失，由县级以上人民政府给予补偿，中央财政一般补偿60%，地方财政补偿40%。各地具体补偿标准不完全一致。

3. 能繁母猪补贴

能繁母猪补贴程序是：乡镇现场调查，县（直辖市、自治区）汇总核查并经分类公示无异议后，上报省农业厅、财政厅。经省农、财两厅核实无误后，财政厅将省级补贴资金下拨各县（市、区）财政部门，然后由各县（市、区）财政部门对外张榜公示，并经县财政部门会同有关部门核实后将省级补贴资金与县配套资金，通过“一卡通”等结算方式直接兑现到农户（场）。

养殖户将能繁母猪参与商业保险，每头能繁母猪交保费 60 元，其中，中央及地方政府负担 48 元，养殖户负担 12 元。能繁母猪保险后，发生洪水、台风、暴雨、雷击等自然灾害，蓝耳病、猪瘟、猪链球菌、口蹄疫等重大病害及泥石流、山体滑坡、火灾、建筑物倒塌等意外事故，保户能获最高赔偿每头 1 000 元。

（二）鲜活农产品“绿色通道”补贴

驾驶员驾驶装载运输鲜活农产品的车辆经过收费站时，应走标有统一指路标志的“绿色通道”专用道口，并出示《绿色通道通行证》。装载鲜活农产品的车辆在“绿色通道”上行驶免费通行要符合下列条件。

（1）装载的是《鲜活农产品品种目录》内的鲜活农产品。

（2）整车全部装载鲜活农产品，即装载鲜活农产品应占车辆核定载重量或车厢容积的 80%以上，且没有与非鲜活农产品混装等行为。

鲜活农产品是指新鲜蔬菜、水果，鲜活水产品，活的畜禽，新鲜的肉、蛋、奶等。畜禽、水产品、瓜果、蔬菜、肉、蛋、奶等的深加工产品，以及花、草、苗木、粮食等不属于鲜活农产品范围，不适用“绿色通道”运输政策。

（三）油价补贴

对于种粮农民因当年成品油价格变动引起的农民种粮增支，继续纳入农资综合直补政策统筹考虑给予补贴，对种粮农民综合直补只增不减。

当国家确定的成品油出厂价，高于成品油价格改革时的分品种成品油出厂价（汽油 4 400 元/吨、柴油 3 870 元/吨）时，才给予油价补贴，低于上述价格时，停止补贴。种粮农民补贴，实行考虑柴油、化肥等生产资料涨价因素的综合直补办法解决，油价补贴包含在农业综合直补中，不单独补贴。

二、专项类扶持政策

（一）支持农民专业合作组织

1. 合作社扶持政策

农民专业合作社享有下列扶持政策：国家支持发展农业和农村经济的建设项目，可以委托和安排有条件的农民专业合作社实施；中央和地方财政应当分别安排资金，支持农民专业合作社开展信息、培训、农产品质量标准与认证、农业生产基础设施建设、市场营销和技术推广等服务。对民族地区、边远地区和贫困地区的农民专业合作社和生产国家与社会急需的重要农产品的农民专业合作社给予优先扶持；国家政策性金融机构应当采取多种形式，为农民专业合作社提供多渠道的资金支持，具体支持政策由国务院规定。国家鼓励商业性金融机构采取多种形式，为农民专业合作社提供金融服务；农民专业合作社享受国家规定的对农业生产、加工、流通、服务和其他涉农经济活动相应的税收优惠。支持农民专业合作社发展的其他税收优惠政策，由国务院规定。

2. 财政支持政策

农民专业合作组织在下列几方面可以享受财政支持：引进新品种和推广新技术；雇请专家、技术人员提供专业技术服务；对合作组织成员开展专业技术、管理培训和提供信息服务；组织标准化生产；农产品粗加工、整理、储存和保鲜；获得认证、品牌培育、营销和行业维权等服务；改善服务手段和提高管理水平的其他服务。

符合享受财政支持政策条件的农民专业合作组织，根据财政部门的要求，准备申报材料，向所在地县级财政部门提出书面申请，具体申报手续，按县级财政部门的有关规定办理。县级财政部门按照中央和省级财政部门的补助政策规定，在取得项目验收合格，报经批准后，将补助款拨付给农民专业合作组织。农民专业合作组织接受中央财政农民专业合作组织发展资金所形成的资产归农民专业合作组织成员共同所有，由农民专业合作组织监事会监督。

3. 办理登记和无公害农产品认证费用

当地工商行政管理部门对农民专业合作社实行全面免费登记；取消农民专业合作社设立登记费、变更登记费，取消对农民专业合作社的年度检验。

国家鼓励和支持农民专业合作社申报无公害农产品、绿色食品和有机食品，开展农产品质量和环境认证，推进农业标准化。国家从事无公害农产品产地认定部门和产品认证机构对农民专业合作组织申报无公害农产品认证不收费。检测机构的检测标志按国家规定收取费用。

4. 合作社的税收优惠政策

依照《中华人民共和国农民专业合作社法》设立和登记的农民专业合作社可以享受4项税收优惠政策。

(1) 对农民专业合作社销售本社成员生产的农业产品，视同农业生产者销售自产农产品免征增值税。但是，农民专业合作社销售外购农产品，以及外购农产品生产、加工后销售虽属列举的农产品，但不属免税范围，应照章征收增值税。

(2) 增值税一般纳税人从农民专业合作社购进的免税农产品，可按13%的扣除率计算抵扣增值税进项税额。这里规定购进的是农民专业合作社销售的“免税农产品”，其他农产品或商品则必须按照现行增值税法规定计算抵扣。

(3) 对农民专业合作社向本社成员销售的农膜、种子、种苗、化肥、农药、农机，免征增值税。

(4) 对农民专业合作社与本社社员签订的农产品和农业生

产资料购销合同，免征印花税。

农民专业合作社其他税收优惠，按照税收管理权限，根据各地情况确定。如浙江省规定：对农民专业合作社销售社员生产和初加工农产品，视同农户自产自销，暂不征收个人所得税；对农民专业合作社的经营用房，免征房产税和城镇土地使用税；对农民专业合作社所属，用于进行农产品加工的生产经营用房，按规定缴纳房产税和城镇土地使用税确有困难的，可报经地税部门批准，给予免征房产税和城镇土地使用税的照顾；对农民专业合作社的经营收入，免征水利建设专项资金；对农民专业合作社，暂不征收残疾人就业保障金。

（二）农业税收优惠

1. 废止的农业税收政策

国家为了减轻农民负担，让农民得到真正的实惠，废止了相关税收政策：不再缴纳农业税；农民销售自产的农业特产收入不用再缴纳农特产税；农民屠宰自养的猪、牛、羊等不用再缴纳屠宰税。

2. 农业服务收入免税范围

农民从事农业机耕、排灌、病虫害防治、植物保护、农牧保险以及相关技术培训业务收入，家禽、牲畜、水生动物的配种和疾病防治收入，免征营业税。同时，国家规定，纳税人单独提供林木管护劳务行为的收入中，属于提供农业机耕、排灌、病虫害防治、植保劳务取得的收入，免征营业税。

3. 经营项目免税范围

按照规定，农场从事农、林、牧、渔业项目经营所得可以免征、减征农场所得税。

（1）农场从事蔬菜、谷物、薯类、油料、豆类、棉花、麻类、糖类、水果、坚果的种植，中药材的种植，林木的培育和种植，牲畜、家禽的饲养，农作物新品种的选育，林产品的采集，灌溉、农产品初加工、兽医、农技推广、农机作业和维修等农、林、牧、渔服务业项目，远洋捕捞项目的所得，免征农场所得税。

农产品初加工按规定，包括种植业、畜牧业、渔业三大类，列举粮食初加工等30多项农产品初加工类别，涉及若干个产品200多道工艺流程。

（2）农场从事花卉、茶以及其他饮料作物和香料作物的种植、海水养殖、内陆养殖项目的所得，减半征收农场所得税。

（三）农业保险补贴

1. 种植业保险

提供保费补贴的大宗农作物包括玉米、水稻、小麦、棉花、大豆、花生、油菜等油料作物以及根据国务院有关文件精神确定的其他农作物。除上述补贴险种以外，财政部提供保费补贴的地区可根据本地财力状况和农业特色，自主选择其他种植业险种予以支持。享受财政种植业保险保费补贴要符合两个基本条件：一是种植的农民要在财政确定的补贴区域内种植农作物；二是农民种植的农作物是财政指定的保费补贴品种。保险区域以外的或财政补贴品种以外的农作物保险保费不能享受财政补贴。

农民参加保险，对于补贴险种，财政部门至少补贴60%，其中，省级财政部门补贴25%，财政部补贴35%，其余保费由农户承担，或者由农户与龙头农场、地方财政部门等共同承担。浙江省水稻种植保险对象为面积20亩及以上的种植大户、农业龙头农场、农村经济合作组织、农民专业合作社等；保障范围为台风、暴风雨、洪水、雪灾和主要病虫害等造成的灾害；保险金额为每亩400元或600元，其中，各级财政给予93%的保费补助，投保农户根据应该承担的比例缴纳保费。因人力无法抗拒的自然灾害，包括暴雨、洪水（政府进行的蓄洪除外）、内涝、风灾、雹灾、冻灾、旱灾、病虫害、鼠害等，对投保农作物造成的损失都可以得到保险赔偿。

农民在参加政策性农业保险后，要取得正常赔款，应当履行保险合同所约定的保险义务。平时要加强田间管理，按照农业技术部门的要求，做好病虫害预防。在灾害来临之前，要按照政府职能部门和保险公司的要求，认真做好防灾防损工作，积极施救，降低灾害损失。否则，保险公司会根据因保户未尽到合同约定的保险义务，导致损失发生或扩大的理由而减少赔款或拒绝赔款。

2. 养殖业保险

养殖业保险保费补贴对象是政府确定的特定品种的养殖业保险补贴地区投保的农户、养殖农场、专业合作经济组织。养殖业保险保费财政补贴范围按补贴品种和补贴地区确定，补贴品种为能繁母猪和奶牛，补贴标准为能繁母猪保险费的80%、奶牛保险费的60%，还可选择其他养殖业险种予以支持，在符合国家有关文件精神的基础上，地方财政部门的保费补贴比例由省级财政部门根据本地实际情况确定。

因发生重大病害、自然灾害和意外事故所导致的投保养殖品种直接死亡所造成的损失，由保险公司负责赔偿。

（1）重大病害。包括能繁母猪的猪丹毒、猪肺疫、猪水泡病、猪链球菌、猪乙型脑炎、附红细胞体病、伪狂犬病、猪细小病毒、猪传染性萎缩性鼻炎、猪支原体肺炎、旋毛虫病、猪囊尾蚴病、猪副伤寒、猪圆环病毒病、猪传染性胃肠炎、猪魏氏梭菌病、口蹄疫、猪瘟、高致病性蓝耳病及其强制免疫副反应；奶牛的口蹄疫、布鲁氏菌病、牛结核病、牛焦虫病、炭疽、伪狂犬病、副结核病、牛传染性鼻气管炎、牛出血性败血病、日本血吸虫病。发生高传染性疫病政府实施强制扑杀时，保险公司按正常赔偿额扣减政府扑杀专项补贴后的金额，对投保农户进行赔偿。

（2）自然灾害。包括暴雨、洪水（政府进行的蓄洪除外）、风灾、雷击、地震、冻雹、冻灾。

（3）意外事故。包括泥石流、山体滑坡、火灾、爆炸、建筑物倒塌、空中运行物体坠落。

农民在参加政策性农业保险后，要取得正常赔款，应当履行保险合同所约定的保险义务。平时要按畜牧部门和保险公司的要求，做好防疫、配种、妊娠等记录，建立健全和执行防疫、治疗的各项规章制度，在保险畜禽发病后要及时医治，做到早报告、早隔离、早治疗。否则，保险公司会根据因保户未尽到合同约定的保险义务，导致损失发生或扩大的理由而减少赔款或拒绝赔款。

3. 保险索赔规定

当发生保险责任范围内的灾害事故时，参保农户要做好下列相关工作。

（1）在第一时间，通过保险公司的服务热线电话进行报案，也可以直接向保险公司委托的政策性农业保险服务站或保险服务代理员报案。

（2）在保险公司查勘人员到达现场之前，要尽量保护好现场不受破坏，当被保险的财产仍处于危险之中时，要立即组织施救以减少损失。

（3）协助保险公司查勘人员做好定损理赔工作，在保险理赔人员的指导下，填写出险及理赔通知单、损失确认单等，说明事故发生的原因、经过和损失情况，协助理赔人员现场清点和定损。

（4）积极提供赔款必备的相关部门证明材料，如畜禽疫病死亡，需要当地畜牧部门出具病因证明，并要提供按时接种的证明材料。

（5）在办齐相关赔偿手续、达成赔偿协议后，持保险单和保户的营业执照、法人代码证、个人身份证等办理赔款的必要证件向保险公司申请赔付。

（6）保险公司按照约定赔付时限，一般会在 5 个工作日内将赔款付给农户。

第三节　农村土地、沼气建设的扶持政策

一、农村土地政策

（一）土地承包经营权流转政策

土地承包经营权流转是伴随农村劳动力转移和农村经济发展的长期历史过程，反映了农地合理利用和优化配置的需要，是联结承包农户与规模经营主体、发展多种形式适度规模经营的重要渠道和纽带。国家高度重视农村土地承包经营权流转，相关法律政策主要有以下内容。

（1）流转前提。确保家庭承包经营制度长期稳定，落实和明晰土地承包经营权是进行土地承包经营权流转的前提。

（2）流转主体。流转的主体是承包方，承包方有权依法自主决定土地承包经营权是否流转和流转的方式，任何组织和个人不得强迫或阻碍承包方进行土地承包经营权流转。

（3）流转原则。土地承包经营权流转要遵循平等协商、依法、自愿、有偿原则，流转期限不得超过承包期的剩余期限，受让方须有农业经营能力，在同等条件下本集体经济组织成员享有优先权。

（4）流转底线。土地承包经营权流转不得改变土地集体所有性质，不得改变土地用途，不得损害农民土地承包权益。

（5）流转方式。国家允许农民采取转包、出租、互换、转让、股份合作等方式流转土地承包经营权。采取转让方式流转的，应当经发包方同意；采取转包、出租、互换或者其他方式的，应当报发包方备案。土地承包经营权采取互换、转让方式流转，当事人要求登记的，应当向县级以上地方人民政府登记。通过招标、拍卖、公开协商等方式承包农村土地，经依法登记取得土地承包经营权证或者林权证等证书的，可以采取出租、互换、转让、入股、抵押等方式流转。

(6) 流转机制。土地承包经营权流转机制是市场，禁止不顾条件，采取下达指标等行政手段推动土地承包经营权流转。国家鼓励和支持各地加强土地承包经营权流转管理和服务，按照产权明晰、形式多样、管理严格、流转顺畅的要求建立健全土地承包经营权流转市场，培育农场、专业大户、农民专业合作社等规模经营主体，发展多种形式的适度规模经营。

(二) 现有农村土地承包政策

目前，我国农村土地承包实行以家庭承包经营为基础、统分结合的双层经营体制。国家为稳定和完善农村土地承包关系，维护农民土地承包权益，先后制定了一系列政策，赋予农民更加充分而有保障的土地承包经营权，保持现有土地承包关系稳定并长久不变。以家庭承包经营为基础、统分结合的双层经营体制是适应社会主义市场经济体制、符合农业生产特点的农村基本经营制度，是党的农村政策的基石，必须毫不动摇地坚持。

二、沼气建设政策

(一) 养殖小区和联户沼气建设项目

养殖小区集中供气工程是指在人畜分离、实行小区集中养殖的村，以畜禽粪便污水为原料，建设沼气集中工程，向附近农户提供沼气，以供气 50 户为基本建设单元，主要建设内容包括沼气发酵池、原料预处理、沼气供气和沼肥利用设施等。联户沼气工程分秸秆原料型和畜禽粪便原料型。秸秆原料型是指在不养殖或秸秆资源丰富的地区，以秸秆为发酵原料，建设沼气集中供气工程，向不养殖农户供气。一般以供气 5 户的沼气工程为基本建设单元，主要建设内容包括沼气池、贮气柜、沼气通道、灶具、粉碎机、预处理池等。畜禽粪便原料型是指以养殖农户为核心，以相邻几户为单元，建设沼气池，配套进行改厕、改厨，养殖改圈，通过输气管道实现集中供气，主要建设内容包括沼气池、贮气柜、沼气管道、灶具等。中央按集中供气农户数量予以适当补助。养殖小区集中供气沼气工程和畜禽粪便型联户沼气工程，按不超过户用沼气补助标准的120%予以补助；联户秸秆沼气工程按不超过户用沼气补助标准的150%予以补助。

（二）农村户用沼气和沼气服务网点设施建设项目

以户为单位的户用沼气，每户按一池三改（一个沼气池、改厨、改厕、改圈）建设，总投资4 000元，项目投资由中央、地方、农户共同承担。中央财政每户补助1 000元，主要用于沼气池、灶具建设及技工工资等。

一般每个乡村沼气服务网点配置一套进出料设备（农用三轮车、粉碎机、真空泵和沼液储罐等）和一套甲烷检测仪器、一套维修设备等。中央财政每个网点补助标准为0.8万元，用于购置部分进出料设备，其余由地方配套或服务网点或个人承担。

（三）规模养殖场大中型沼气工程项目

规模养殖场大中型沼气工程是指出栏3 000头以上的养猪场、存栏200头以上奶牛或出栏500头以上肉牛的养牛场建设的大中型沼气工程。要求养殖场具有独立法人资格，运营情况良好，能按要求落实工程建设所需配套资金和自筹资金。国家进一步鼓励发展大中型沼气工程，并根据发酵装置容积大小和上限控制相结合的原则确定中央补助数额。大中型沼气工程中央补助数额原则上按发酵装置容积大小等综合确定，补助项目总投资的25%，总量不超过100万元。对于具有新技术、新工艺的特殊项目，中央补助可适当提高。同时，地方政府也应加大对大中型沼气工程建设的支持力度，原则上对于申请中央补助的项目，地方政府投资不得低于项目总投资的25%。

主要参考文献

河南省农业广播电视学校，河南省农业科技教育培训中心. 2015. 怎样当好农场主［M］.郑州：中原农民出版社 .
孙白露，朱启臻 . 2011. 农业文化的价值及继承和保护探讨［J］.农业现代化（1）：54-58.
孙梦琪 . 2003. 家庭农场会计处理适度规范的研究［J］.财政监督（14）：12-14.
严晓萍 . 2015. 我要当农场主［M］.北京：中国书籍出版社 .
周仕雅，林森 . 2013. 家庭农场涉税问题研究——以浙江五县为例［J］.税收经济研究（5）：19-22，49.
朱晓鸣. 2013. 我在加拿大做农场主［M］.北京：中国华侨出版社.